AFTER
子イヌを飼ったあとに

YOU GET YOUR PUPPY
Dr. IAN DUNBAR

目　次

日本語版出版によせて ……………………………………………… 6

第1章　子イヌの発達における学習の期限 …………………………… 7
　　子イヌを飼ってから最初の3週間 ………………………………… 8
　　一番急いですることは ……………………………………………… 9
　　一番重要なことは …………………………………………………… 10
　　一番楽しいことは …………………………………………………… 13

第2章　家庭のエチケット基礎講座 …………………………………… 17
　　あなたが家を留守にする時 ………………………………………… 19
　　あなたが家にいる時 ………………………………………………… 21
　　排泄のしつけは1、2、3、と簡単 ………………………………… 23
　　よくある間違い ……………………………………………………… 23

第3章　ホームアローン（家でひとりぼっち） ……………………… 27
　　分離不安 ……………………………………………………………… 32
　　家を留守にする時 …………………………………………………… 35
　　帰宅した時 …………………………………………………………… 36
　　ジキルとハイド的行動 ……………………………………………… 37
　　分離不安と言えるだろうか？ ……………………………………… 39

第4章　学習の期限　その4　～生後3ヶ月齢までに～　人への社会化
　　……………………………………………………………………… 41
　　緊急性 ………………………………………………………………… 44
　　夢のようなイヌ？　悪魔のようなイヌ？ ………………………… 45

もくじ

100人に！ …………………………………………… 46
社会化の3つの目標 ………………………………… 47
1. 子イヌが人を好きになり、人を尊重するように教える ……… 48
 トレーニング・トリーツ？ ……………………… 49
 喜んで従う ………………………………………… 53
 子ども ……………………………………………… 53
 パピーパーティーのゲーム ……………………… 59
 男性 ………………………………………………… 62
 見知らぬ人 ………………………………………… 63
 「こんにちは」はオスワリで ……………………… 64
 警告！ ……………………………………………… 64
 からかったり手荒く扱ったりする ……………… 66
 とても大切なルール ……………………………… 67
 手からフードを与える …………………………… 73
2. ハンドリングとジェントリング …………………… 73
 抱きしめる／押さえつける ……………………… 77
 すばやく落ちつかせる …………………………… 80
 かんしゃく？ ……………………………………… 80
 権勢症候群？？？ ………………………………… 82
 ハンドリングする／調べる ……………………… 82
 罰 …………………………………………………… 87
 襟首をつかむ ……………………………………… 95
 よく使われる子イヌを社会化させない言い訳 … 101
 合図で吠える・うなる …………………………… 113
 あいまいで、とってつけたような言い訳 ……… 117
3. 大事なものを守る ………………………………… 118
 大切なものをトリーツと交換する ……………… 121
 食器 ………………………………………………… 127
 怠慢なウェイターの態度 ………………………… 130
 ティッシュペーパーの問題！ …………………… 132

第5章　学習の期限　その5　〜生後4ヶ月半までに〜　咬みつきの抑制を学ぶ ······ 135

- 確実な咬みつきの抑制 ······ 138
- 症例 ······ 139
- イヌの咬みつき：悪い知らせと良い知らせ ······ 142
- とても良いイヌ・良いイヌ・悪いイヌ・とても悪いイヌ ······ 143
- 人の咬みつきの抑制？ ······ 148
- イヌは人ほど恐ろしくはない ······ 150
- 他のイヌに対する咬みつきの抑制 ······ 150
- 人に対する咬みつきの抑制 ······ 152
- 咬みつきの抑制レッスン ······ 154
    - 1. 咬みつきの力の抑制 ······ 155
    - 2. マウズィングの回数を減らす ······ 158
- 手におえないプレイセッション ······ 163
- 甘咬みのできる子イヌ ······ 165
- 咬みつかない子イヌ ······ 166
- 重大な過ち ······ 168
- 発達の速さ ······ 168
- パピースクール（子イヌのしつけ教室） ······ 169
- イヌに対する社会化 vs. 人に対する社会化 ······ 171
- しつけ教室に参加する一番の理由 ······ 174
- 子イヌを抱いて歩く ······ 182
- しつけ教室を探す ······ 184

第6章　学習の期限　その6　〜生後5ヶ月齢までとその後〜　外の世界 ······ 187

- 青年期に起こりうる変化 ······ 189
- 青年期がうまくいく秘訣 ······ 202
- イヌの散歩 ······ 206
- 散歩中に排泄のしつけをする ······ 207

もくじ

　散歩中に社会化させる ……………………………………… 209
　散歩中にトレーニングをする ……………………………… 211
　赤信号・青信号 ……………………………………………… 214
　無意識にイヌを興奮させない ……………………………… 218
　オスワリとおとなしくしなさい …………………………… 219
　車の中でトレーニングをする ……………………………… 224
　ドッグパークでトレーニングをする ……………………… 226
　呼ばれても来ないようにイヌをしつける ………………… 226
　呼ばれたら来るようにイヌをしつける …………………… 228
　緊急時の離れたところからの「オスワリ」4段階 ……… 231
　トレーニングとゲームを組み合わせる …………………… 236
　トレーニングとライフスタイルを組み合わせる ………… 238
　子イヌのライフスタイル …………………………………… 238
　トレーニングをあなた自身のライフスタイルに組み込む ……… 240

第7章　宿題のスケジュール ………………………………………… 243
　家でひとりぼっちになる …………………………………… 244
　咬みつきの抑制 ……………………………………………… 247
　自宅での社会化とトレーニング …………………………… 249
　広い世界での社会化とトレーニング ……………………… 252

第8章　買い物リスト／書籍とビデオ ……………………………… 255

　　"噛む"と"咬む"の違いの解説
　　　原書では「かむ」という行為について"chew"と"bite"が使用されており、本書では
　　それぞれ"噛む"と"咬む"と訳し分けています。意味合いの違いは次の通りです。
　　噛む：ドッグフードを噛む、ガムを噛む、家具を噛む、のように物を噛んだり、かじった
　　　　　りするような場合。
　　咬む：咬傷事故のように、イヌが人に咬みついてケガをさせる、ケンカで咬みつくのよう
　　　　　に強く咬む、咬みちぎるような場合。

子イヌを飼ったあとに

日本語版出版によせて

　私の著書"BEFORE You Get Your Puppy"及び"AFTER You Get Your Puppy"の日本語版『子イヌを飼うまえに』『子イヌを飼ったあとに』をレッドハート株式会社が翻訳出版してくださることを心から嬉しく思っています。この日本語版の出版により、私のドッグトレーニングの知識と経験を皆さんと共有できることになりました。同時に、この日本語版の完成により、私は皆さんのすばらしい国に何度も出かけていくごほうびを得ました。もしかしたら、日本で皆さんとお寿司やお酒をご一緒できる機会があるかもしれませんね。ですから、レッドハートには、これからもどんどん私の本を翻訳していただきたいと願っています。

　また、私はレッドハートと仕事ができることを心より名誉なことだと感じています。と言いますのも、レッドハートは、日本のイヌと飼い主の最大の関心を真に受けとめ応えていることで名高い企業だからです。どのような関係にも、その成功の鍵はコミュニケーションにあります。私の一番の願いは、この本をお読みになって、あなたとあなたの愛犬が深い報いのある関係をお築きになられることです。

　この本を手にとっていただき、ありがとうございます。

Dr.イアン・ダンバー
カリフォルニア州バークレー
2003年5月1日

1章 子イヌの発達における学習の期限

AFTER:子イヌを飼ったあとに

AFTER

1章：子イヌの発達における学習の期限

子イヌを飼ってから最初の3週間

　おめでとうございます！　ついに子イヌが来ましたね。さあ、どうしますか？　あなたは、いま分岐点に立っています。子イヌと良い関係が築けるかどうかは、子イヌに家庭のルールを教えられるかどうかにかかっています。イヌの生涯でちょうど今ごろ、つまり幼犬期[*1]が決定的に重要です。子イヌは第一印象を忘れないでずっと覚えています。だから、イヌの発達には次の数週間が肝心です。飼い主が幼犬期に子イヌをどのように手助けし指導するかで、これから何年も続くイヌと人の関係が豊かなものになるのです。

　『子イヌを飼うまえに』では、あなたの子イヌの最初の3つの学習の期限について説明しました。①（子イヌを飼うまえに）飼い主がイヌについて勉強する、②　適した子イヌを選び、子イヌの発達状態を判断する、③　子イヌを家に迎えて最初の1週間で家庭のマナーを教える、です。この最初の3つの

学習の期限は致命的な緊急課題のため、飼い主に間違いを起こさせている暇はほとんどありません。家庭のマナーは非常に大切で急いで教える必要があるため、ここでも要約して説明します。『子イヌを飼ったあとに』は、子イヌを家に迎えてから3ヶ月間で行う3つの学習の期限に焦点を置いています。

　時はすでに刻み始めており、残された3ヶ月間であらゆることをしなければなりません。

次の（子イヌを飼ってからの）3つの学習の期限

学習の期限　その4 － 生後3ヶ月までに一番急いですることは
　　　　　　　　　　　人への社会化[2]

学習の期限　その5 － 生後4ヶ月半までで一番重要なことは
　　　　　　　　　　　咬みつきの抑制[3]を学ぶ

学習の期限　その6 － 生後5ヶ月までで一番楽しいことは
　　　　　　　　　　　外の世界をたっぷり楽しむ

一番急いですることは

　一番急いですることは、子イヌが生後3ヶ月になる前にさまざまな人に社会化させること、特に子ども、男性、見知らぬ人に社会化させることです。よ

く社会化された子イヌはすばらしいコンパニオン・アニマルに成長しますが、反社会的なイヌは扱いが難しくしつけに時間もかかり将来的には危険でさえあります。子イヌは、あらゆる人と一緒に過ごして触られるのを喜ぶようになる必要があり、特に子どもや見知らぬ人とうまく過ごせるようにならなければいけません。

　経験的に、子イヌは生後3ヶ月になる前に少なくとも100人に会う必要があります。この年齢ではまだ幼くて外に連れ出すことはできませんから、すぐに家に人を招待することを始めてください。基本的には、何度もパピーパーティーを開いてあなたの友だちを招待して、手から子イヌにフードを与えてしつけてもらいます。

一番重要なことは

　一番優先すべき重要なことは、生後4ヶ月半になる前に、子イヌが確実に咬みつきの抑制を身につけ甘咬み*4ができるようになることです。イヌが人に

咬みついたり他のイヌとケンカする時、それが深刻な問題かどうかは傷がどれぐらい深刻なものかどうかで判断します。つまり、イヌの咬みつきの抑制の程度を見れば、それが簡単に矯正できる問題かどうかわかります。咬みつきの抑制が確実にできているかどうかによって、あなたが抱えている問題が数日の基本的なトレーニングで簡単に矯正できるものか、あるいは、深刻で将来的には危険な問題で、解決は極めて難しいものなのかがわかります。

　パーフェクトな世界であれば、子イヌをうまく社会化させ、あらゆる人、イヌ、動物と一緒に過ごせるようにできるでしょう。しかしながら、現実にはそうはいかず事故が起こります。誰かがうっかりイヌの尾を車のドアに挟んでしまったり、慌てて電話に出ようとして寝ているイヌの足につまずいたりという具合です。また、イヌが骨をかじっている時に、誰かがけつまずいてイヌの上に倒れてしまうこともあります。イヌは傷つけられたり脅かされると、自然な反応として空咬み*5したり、跳びついたり、咬みつくことがあります。また、どんなにすばらしく友好的なイヌでも、他のイヌや人からいじめられる

1章：子イヌの発達における学習の期限

と自分を防御しようとする傾向があります。

　たとえば、イヌは人から傷つけられたり脅かされると、人に空咬みしたり跳びついたりすることがあります。しかし、そのイヌに咬みつきの抑制が確実にできていたら、イヌの歯が人の皮膚に触れることはないでしょう。万一、人の皮膚に触れたとしても、ケガを負わせるようなことはありません。このイヌは全く傷を負わせていないのですから、問題は簡単に安全に予防できます。しかし、放っておくと深刻な問題に発展してしまいます。一方、このイヌが十分な咬みつきの抑制を身につけておらず、人に咬みついて刺傷を負わせていた場合は、あなたは深刻な状況を抱えてしまい、解決は難しく時間もかかるでしょう。

　また、咬みつきの抑制がしっかりと身についているイヌであれば、他のイヌとケンカしても相手にケガをさせたりしません。社会的に許容できるマナーで言い争っているにすぎず、大した問題ではありません。しかし、相手のイヌや動物を傷つけたことがある場合は、大きな問題で解決も難しいでしょう。

　幼犬期の生後4ヶ月半になる前に、咬みつきの抑

制を必ず身につけさせなければなりません。青年期や成犬になってから咬みつきの抑制を教えるのは難しいからです。あなたがリードをつけない子イヌのしつけ教室に参加する第1の理由は、子イヌが確実に咬みつきの抑制を身につけ、甘咬みが完全にできるようにするための技術とテクニックを学ぶことです。このためには、子イヌは他の子イヌと遊ぶ必要があります。成犬になってから、家の中やドッグパーク*6で遊ぶだけでは十分ではありません。

一番楽しいことは

　イヌを飼うことでまず優先すべき楽しいことは次のことです。よく社会化されたイヌが十分に社会に馴染み、その状態を維持できるようにすることです。それは実はもっとも楽しいことです。忘れてはいけないのは、あなたのイヌが社会性をずっと維持するには、毎日、見知らぬ人や他犬に会わせなければならないということです。同じ人やイヌに繰り返し何度も会わせるだけでは十分ではありません。あなた

のイヌには、単純に古くからの友だちとうまくやってほしいだけではなく、見知らぬ人に会ってもうまく対応できる術を身につけてほしいからです。ですから、定期的にイヌを散歩に連れて行くのは、楽しいからというだけでなく、そうする理由があるからだといえるでしょう。

　さあ、あなたの生活は変化し始めます。イヌを飼うことであらゆる喜びを手に入れようとしているのですから。長い散歩でわくわくしたり、リラックスできたり、イヌを車に乗せて旅行に連れて行ったり、ドッグパークで一緒に午後を過ごしたり、海岸でイヌとピクニックをしたり、もっともっといっぱい楽しいことをイヌと一緒にできるようになるのです。

　それでは、社会化、咬みつきの抑制、散歩に連れて行く、についてお話する前に、子イヌの家庭でのマナーについて考えてみましょう。

【訳注】
*1 幼犬期　puppyhood　イヌのライフステージは基本的に3段階に分かれる。①幼犬期　生後18週齢まで　②青年期　生後18週齢～2，3歳　③成犬期　3歳以上　さらに、幼犬期は次の3段階に分かれる。(1) 新生児期～生後2週齢　(2) 生後3週齢～12週齢　(3) 生後13週齢～18週齢
*2 社会化　socialization　個人が他の人々とのかかわり合いを通して、社会的に適切な行動及び経験のパターンを発達させる全過程を指す。動物行動学においては、群れで生活する動物の子どもが、群れで育つ中で自分の仲間（親・兄弟・その他）との社会関係を体得し、その群れ社会の一員としての必要な素地を身につけていく過程をいう。
*3 咬みつきの抑制　bite inhibition　強く（本気で）咬むことをがまんすること。子イヌが生後4ヶ月半になるまでにしつけておかなければならない、子イヌの教育において最も重要とされるしつけ。咬みつきの抑制を確実に身につけたイヌは、万一、不慮の事態で咬みつくことがあっても相手に大ケガをおわせることはない。
*4 甘咬み　soft mouth　咬む時にやさしく、力を入れないようにする。「咬みつきの抑制」を教える時に甘咬みができるようにすることは非常に大切である。
*5 空咬み　snap　パクリと空を咬む
*6 ドッグパーク　dog park　飼い主とイヌが一緒に中に入れて、リードなしでも遊べる公園。日本にはまだ数少ない。

1章：子イヌの発達における学習の期限

2章 家庭のエチケット基礎講座

AFTER:子イヌを飼ったあとに

AFTER

2章：家庭のエチケット基礎講座

　子イヌを家でひとりぼっちにして出かける時は、どこで排泄するか、噛んでもよい物は何か、どうやってひとりで楽しく過ごせばよいかを、必ず子イヌに教えておかなければなりません。また、このような子イヌの教育は一生継続して行うことが必要です。

　もし、あなたの子イヌが家を排泄により汚したり、噛んではいけない物を噛むような場合は、もう一度『子イヌを飼うまえに』を読んで、すぐに解決方法を探してください。ほんの1回でも間違いを起こしてしまうと、その後何度も繰り返し間違いを起こし、取り返しがつかないことになります。排泄のしつけや噛むおもちゃのトレーニング[*1]は、最初から間違いを起こさないようにしつけることが大切です。子イヌの居場所を制限する方法[*2]を必ず守ってください。子イヌに家庭でのしつけを教えるのが早いほど、それだけ早く子イヌを家の中で自由に走り回らせられるようになります。

あなたが家を留守にする時

　子イヌを小さな専用の遊び場所（長時間居場所を制限する場所*3）に置いておきます。たとえば、台所、洗面所、運動用の囲いで仕切られた場所のようなところです。その場所には、(1) 居心地の良いベッド、(2) 新鮮な水が入った水入れ、(3) 中に空洞がある噛むおもちゃ（ドッグフードを詰めたコング製品や消毒した骨）をたくさん、(4) イヌ用トイレ（寝床から一番遠く離れた隅に置く）を用意します。

　このように上手に設定した場所にイヌを長時間閉じ込めておく理由は2つあります。
1. 子イヌの家での失敗を予防します。
2. 子イヌは、与えられたトイレで排泄し、噛むおもちゃだけを噛み（他に噛むものがないので）、おとなしく（吠えずに）過ごす可能性が最大限に高くなります。

　子イヌが一度でも家を排泄で汚したり、噛んではいけない物を噛んだら、その後次々と間違いを引き起こしてしまい大惨事になることを忘れてはいけま

2章：家庭のエチケット基礎講座

家を留守にする時は、子イヌ用の遊び場所に子イヌを置いて出かけるようにします。長時間子イヌの居場所を制限するのに適しているのは、床が防水（掃除がしやすい）のところで、そこには居心地の良いベッド、新鮮な水を入れた水入れ、ドッグフードを詰めた噛むおもちゃ、トイレを用意してやります。洗面所に子イヌを置いて出かける時は、タオル、バスマット、シャワーカーテン、トイレットペーパーは子イヌの手の届かないところに片付けておきましょう。

せん。幼い（教育していない）子イヌを監視せずに家の中で自由にさせてしまうと、子イヌは必ず家を排泄で汚したり噛んではいけない物を噛むようになり、また、そわそわして不安にもなります。しかし、子イヌの居場所を制限すると、子イヌは食べ物が詰まった噛むおもちゃに夢中になり、いらいらしたり不安になったり吠えたりはしなくなります。一旦、子イヌが家庭のマナーを学習して、家でひとりぼっちになっても楽しく過ごせるようになれば、いつでも家や庭を自由に行き来できるようにしてやっていいでしょう。

あなたが家にいる時

　子イヌを監視してください。また、あなたが子イヌと一緒に遊びのトレーニングをしていない時は、持ち運びできるクレートのようなもの（短時間居場所を制限する場所*4）に1回につき1時間くらい子イヌを入れておくようにします。その中には、(1) 居心地のよいベッド、(2) 食べ物を詰めた、たくさんの噛むおもちゃを入れてやります。

　子イヌの居場所を短時間制限する理由は3つあります。

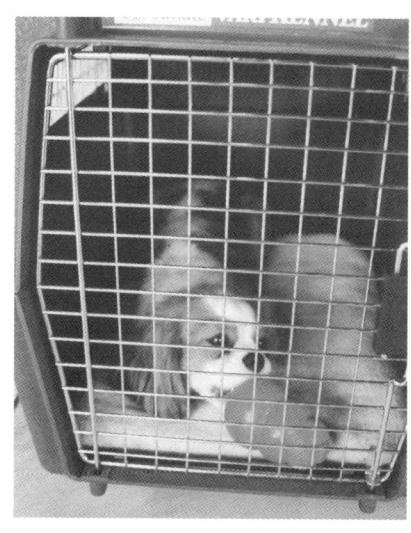

子イヌを短時間クレートに入れておく利点はたくさんあります。子イヌが家で間違いを起こすことを予防し、噛むおもちゃに夢中になる可能性を最大限に高め、排泄のしつけもしやすくなります。なぜなら、子イヌがいつ排泄したくなるかを正確に予測できるようになるからです。もし子イヌが自分のベッドを噛むようなら、子イヌがドッグフードとトリーツを詰めた噛むおもちゃに夢中になるまで、数日間ベッドを片付けておきます。

2章：家庭のエチケット基礎講座

1. 子イヌが家で失敗を犯すのを予防します。
2. 子イヌが噛むおもちゃのとりこになるようにしつけて（食べ物を詰めた噛むおもちゃしか噛める物がないので）、子イヌが落ちついて静かに過ごせるようにします。
3. 子イヌがいつ排泄したくなるかを予測できるように、子イヌの居場所をイヌ用ベッドだけに制限することで、排尿と排便を確実に抑制することができます。そうすると、1時間おきにクレートから解放してやると、子イヌは排泄したくてたまらなくなっています。子イヌが排泄したくなる時を正確に予測できるようになれば、あなたがそばにいて子イヌに排泄する場所を教えてやり、子イヌが正しい時に正しい場所で排泄したらほめてごほうびをあげることができます。

> **排泄のしつけは1、2、3、と簡単**
>
> 　家を留守にする時は、子イヌ用の遊び場所に適したトイレを入れて、子イヌをそこに入れておきましょう。一方、あなたが家にいる時は次のようにします。
>
> 1. 子イヌの居場所をクレートだけにするか、子イヌにリードをつけてイヌ用ベッドの近くにつないでおきます。
> 2. 子イヌを1時間ごとに解放してやり、急いで走ってトイレに連れて行きます（必要があればリードをつけて）。そして、子イヌに排泄するようにうながし、3分ほど待ちます。
> 3. イヌが排泄したらいっぱいほめてあげ、フリーズドライ・レバーを3つ与えて、室内か庭で子イヌと遊んだりトレーニングをしたりします。子イヌが生後3ヶ月以上になれば、トイレで排泄したごほうびに散歩に連れて行ってやりましょう。

よくある間違い

1. 子イヌに間違いを起こさせてしまう

　子イヌはなぜ間違いを起こしたのでしょう？　子イヌの先生（あなた）に聞いてみましょう。直腸も膀胱（ぼうこう）もいっぱいになった子イヌを寝室に放ったらかしにしておいたのは誰ですか？　しつけられていない子イヌを家にひとりぼっちにして、自由に走り回れるようにしておいたのは誰ですか？　さあ、前の

ページに戻って子イヌの居場所を制限するスケジュールのところをもう一度読んでください。このスケジュールに従って子イヌの居場所を制限すると、子イヌが家でひとりぼっちになっても、家庭のルールを守るようになります。排泄のしつけや噛むおもちゃのトレーニングは、とても単純なことなのです。

2. 子イヌが正しいことをしたのに、ほめてあげない

あなたは、子イヌが正しいことをした時にほめたりおいしいトリーツを与えたりしないで、「どうして子イヌはしてほしいことをしてくれないんだろう？」と嘆いています。それなのに、子イヌが勝手におもちゃやトイレの場所を決めたとしても、子イヌのせいでも何でもありません。さて、前に戻って子イヌの居場所を制限するスケジュールのところをもう一度読んでください。噛むおもちゃにドライフードとトリーツを詰めて用意します。そして、子イヌが正しい時に正しい場所で排泄したら、いっぱいほめてごほうびを与えるようにしましょう。

2章：家庭のエチケット基礎講座

【訳注】
- ＊1　噛むおもちゃのトレーニング　chewtoy training　主として『総合管理システム』を用いてイヌをしつける場合に、制限した居場所の中に食べ物を詰めた噛むおもちゃ（コング・ビスケットボール・消毒した骨など）を入れて、イヌがそれを噛むことに夢中になるような環境を作ることで、行動問題や分離不安などを予防・解決する方法。
- ＊2　居場所を制限する方法　Dr.イアン・ダンバーが提唱するイヌの行動問題の予防・解決を目的とした手法で、長時間イヌの居場所を制限する方法と短時間イヌの居場所を制限する方法を統合して『総合管理システム total management system』と呼ぶ。この方法により、子イヌでも成犬でも、排泄の問題、噛む問題、むだ吠え、分離不安などをすべて予防または解決できる。この居場所の制限は、イヌのしつけができるまでの一時的な管理方法である。
- ＊3　長時間居場所を制限する場所　longterm confinement area　『総合管理システム』の飼い主が家を留守にする場合のしつけ方法。この居場所には、イヌ用トイレ、ベッド、水入れ、食べ物を詰めた噛むおもちゃを用意しておく。
- ＊4　短時間居場所を制限する場所　shortterm confinement　『総合管理システム』の飼い主が家にいる場合のしつけ方法。クレートを利用して排泄のしつけを行う目的にも最適とされる。この居場所にも、食べ物を詰めた噛むおもちゃを入れておく。

3章　　　　　　　　　　　　　　　　　AFTER:子イヌを飼ったあとに

ホームアローン（家でひとりぼっち）

AFTER

3章：ホームアローン（家でひとりぼっち）

　この段階になって、「イヌと一緒に過ごす時間がないなら、イヌを飼う資格はない。」と怒ったところでもう手遅れです（また、何の得もありません）。とにかく、極めて社会的な動物であるイヌを家に連れて来て一緒に暮らそうというのに、子イヌが社会的に孤立したりひとりぼっちになった時のために事前に準備をしておかないのは、ひどいことです。

　どんな飼い主も、子イヌを家でひとりぼっちにしなければならない時があるでしょう。ですから、子イヌを長い間ひとりぼっちにする前に、ひとりになった時にどうやって過ごせばよいのかを教えてあげる必要があります。たとえば、食べ物を詰めた噛むおもちゃを噛んで楽しく過ごし、ひとりでも不安になったりストレスをためたりしないように教えてあげるのです。

　あなたが家を留守にした時に子イヌが落ちついておとなしく過ごせるようにするためには、まず最初に、あなたが家にいる時に、子イヌが噛むおもちゃを噛んで機嫌良く過ごせるように教えてあげましょう。

　イヌはテレビゲームやビデオゲームとは違いますから、乱暴だからといって、子イヌからコードを抜

クロードは心配性で大の破壊好きだとわかっていたので、クロードをもらってきて最初の10日間は、ドッグフードは噛むおもちゃからしか食べられないようにし、噛むおもちゃはクロード専用のバスケットに入れておきました。

いたり電池を抜くというわけにはいきません。あなたが、子イヌに落ちついて静かにしていられるように教えてあげなければいけないのです。そのために、初めから子イヌの日課に何度も静かな時間を作るようにします。前述の子イヌの居場所を制限するスケジュールに従えば、子イヌは自分から学習しておとなしく過ごせるようになります。さらに、子イヌがあなたのそばで、できるだけ長い間じっとおとなしくしていられるようにしつけます。たとえば、あなたがテレビを見ている時は、子イヌにリードをつけて横たわらせたりクレートに入れておいて、CMが

3章:ホームアローン（家でひとりぼっち）

　始まったら、子イヌを解放してやり短い遊びのトレーニングをします。その時、幼い子イヌに多くのルールを作り過ぎてはいけません。

　子イヌと遊んでいる間に、1－2分おきに頻繁に短い休憩を取り子イヌをおとなしくさせます。最初は、子イヌを数秒おとなしく寝そべらせて、その後また遊びを再開します。そして、1分したらもう一度遊びを中断して3秒おとなしくさせます。おとなしくさせる時間は4秒、5秒、8秒、10秒と徐々に長くしていきます。最初は難しくても、「おとなしくしなさい」と「さあ、遊ぼう」を交互に繰り返すうちに、やがて子イヌは喜んですぐにおとなしくすることを学びます。子イヌは、「おとなしくしなさい」はこの世の終わりではないし必ずしも遊びが終わるわけでもなく、それは短いタイムアウト[1]の合図で、もう一度遊びが再開する前の休憩にすぎないのだと学習します。

　もし、命令されたらおとなしくするように子イヌをしつけていたら、あなたはこれから何年も楽しくイヌと一緒に過ごせるでしょう。一度、合図に応じておとなしく静かにすることを学んだら、子イヌも

あなたと一緒にいろんなことを楽しめるようになります。よくしつけられたイヌは、いっぱい散歩に連れて行ってもらったり、ドライブに出かけたり、ピクニックに行ったり、パブに行ったり、おばあちゃんのところに遊びに行ったり、"イヌにやさしい"豪華ホテルに泊まるといったすばらしい旅行をしたりできるようになります。その反対に、幼い頃に無差別に遊ばせてしまうと、成犬になっても間違いなく同じように無差別に遊び回るでしょう。そして、極度に興奮してコントロールできなくなってしまいます。あなたがそうなるように教えてしまったのです。青年期になるまでにおとなしくすることを教えておかなければ、二度とおとなしくできるようにはなりません。その結果、家族が外に出かけて楽しく過ごしている間、あなたの子イヌは生涯、家でひとりぼっちで閉じ込められることになります。こんなひどいことがありますか！

　あなたが子イヌをしつけて、子イヌが家でひとりぼっちになっても1日楽しく過ごせるようになるまでの間、子イヌと一緒に過ごしてくれるパピーシッターを雇ってもいいでしょう。たとえば、ほんの2、

3章：ホームアローン（家でひとりぼっち）

3軒隣りにイヌ好きのひとり暮らしの老人（しかし、何らかの理由でイヌを飼っていない）がいて、日中、喜んでやってきてくれ、(1) あなたの家でテレビを見たり冷蔵庫の中の物を食べたりして、(2) 子イヌの居場所を制限するスケジュールを守り、子イヌがイヌ用トイレで排泄したらいつもごほうびをあげ、(3) 時々、子イヌと遊んで家庭のルールを教えてくれたら助かります。

分離不安[*2]

あなたが家にいる時に、子イヌの居場所をスケジュールに従って制限するようにしておくと、留守にした時でも子イヌはおとなしくできるようになります。それと逆に、あなたが家にいる時に子イヌがあなたのそばに自由に近づけるようにしておくと、たちまち子イヌはあなたに依存するようになります。これが、子イヌが家でひとりぼっちになった時に不安になる最大の理由です。

子イヌがひとりでも楽しく過ごせる方法を教えて

やり、自信を身につけて自立できるようにしてやります。子イヌがいったん自信を身につけひとりでも落ちついていられるようになれば、あなたが家にいる時もずっと一緒に楽しく過ごせるようになります。

　子イヌを1時間おきに短時間居場所を制限する場所（クレート）に入れておく時は、別の部屋でもうまくいくか試してみましょう。たとえば、あなたが台所で食事の用意をしている時は子イヌをダイニングルームに置いたクレートに入れておきます。そして、家族でダイニングルームで食事をしている時は、クレートを台所に置いて子イヌを入れておくようにします。

　一番大事なのは、あなたが家にいる時に、子イヌの居場所を長時間制限する場所（子イヌ専用の遊び場所）にしっかりなじませることです。家にいる時に子イヌの居場所を制限すると、子イヌの行動を監視でき、いつでも好きな時に子イヌがお行儀良くしているかチェックして、おとなしくしていたらやさしくほめてあげることができます。そうすると、子イヌは、居場所を制限されても必ずしもあなたがいなくなるとは思わなくなります。それよりむしろ、自分の遊び場所で特別な楽しいおもちゃで遊べるので、制限された場所に入

3章：ホームアローン（家でひとりぼっち）

れられるのを楽しみにするようになります。

　子イヌをひとりぼっちにして出かける時は、たくさんのおもちゃを与えておきましょう。理想的な噛むおもちゃは、壊れなくて中に空洞があるもの（コング製品や消毒したロングボーンなど）です。その中に上手にドライフードやフリーズドライ・レバーを詰めて、子イヌがそのおもちゃを噛むと、ごほうびとして中からドライフードがこぼれおちてくるようにしておきます。子イヌが噛むおもちゃで喜んで遊んでいれば、あなたがいなくてもイライラしたりしなくなります。

　ラジオはつけたままにしておきましょう。ラジオの音が外の騒音をかき消してくれます。また、ラジオの音がするということは、普通はあなたが家にいるということを想像させるので、子イヌは安心します。私のマラミュートのフェニックスはかなり好みが偏っていて、クラシック音楽、カントリー、それにカリプソを好んで聴きます。オッソの方はテレビ好きで、とくにCNNのファンです。おそらく、男性の落ちついた声が好きなのでしょう。

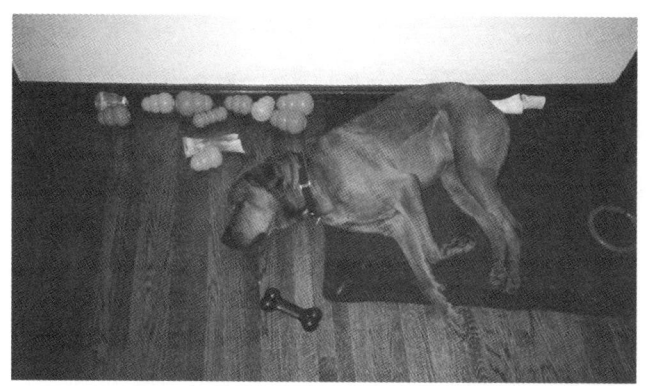

"コング疲れ"のクロード―家でひとりぼっちになっても静かに過ごしています（コングを噛み疲れて、ぐっすり眠っています）。

家を留守にする時

　ドライフードとフリーズドライ・レバーを詰めた噛むおもちゃをたくさん用意してください。そして、どのコングも先端の小さな穴にフリーズドライ・レバーを詰めておきます。骨の場合は、骨髄の空洞にフリーズドライ・レバーを深く詰めこみます。子イヌを長時間閉じ込めておく場所に、おいしそうにフードが詰まった噛むおもちゃを入れて、子イヌは外に出して戸を閉めます。子イヌが戸を開けてほしいとせがんだら、子イヌを中に入れてやって戸を閉め、

ラジオとテレビをつけます。そして、あなたは静かにそこから離れます。こうしておくと、噛むおもちゃからドライフードが一粒ずつこぼれ出てくるたびに、子イヌの噛む習性は強化されていきます。子イヌは、フリーズドライ・レバーを取り出したくて繰り返し噛むおもちゃを噛みます。そうしている間に、やがて疲れて眠ってしまうでしょう。

帰宅した時

　あなたが帰宅しても、子イヌが噛むおもちゃを持ってくるまでは、子イヌをほめたり撫でたりしてはいけません。子イヌが噛むおもちゃを持ってきたら、ペンか鉛筆の先を使って、子イヌがどうしても取り出せなかったフリーズドライ・レバーを押し出してやります。きっと、子イヌはすごく感激しますよ。
　イヌは薄明性で、日中と夜間はとても安らかに眠っています。イヌの活動ピークは夜明けと夕暮れ時の2回です。そのため、噛んだり吠えたりといった活動は、たいてい朝、あなたが子イヌをおいて出か

けた直後か、夕方帰宅する直前に起こります。出かける時には、子イヌに食べ物を詰めた嚙むおもちゃを与えておき、帰ってきた時に子イヌが取り出せないでいたトリーツを押し出してやれば、子イヌは活動ピークが来ると、あなたの帰りを予測して、嚙むおもちゃを探し出すようになります。

ジキルとハイド的行動

　あなたが家にいる時に注目と愛情でもみくちゃにしてしまうと、子イヌはあなたがいなくなるとひどく恋しがるようになります。ジキルとハイドのような環境（あなたがいる時にはたくさん注目してもらえるのに、留守の時には全く気にしてもらえない）に置かれると、子イヌはすぐにジキルとハイドのような性格を身につけてしまいます。つまり、あなたが家にいる時には自信満々なのに、あなたがいなくなると狂ったようにパニックに陥ります。
　子イヌがあなたと一緒にいることに依存してしまうと、あなたがいないと不安になります。子イヌが

3章：ホームアローン（家でひとりぼっち）

いわゆる分離不安の兆候がよく見られるのは、まだ適切にしつけられていないイヌを家中を自由に歩き回れるようにしておき、そのイヌが飼い主が出しっぱなしにしている誘惑的な物に遭遇してしまったような場合です。

不安になるのは、あなたにも子イヌにも良くないことです。というのは、ストレスを感じると、イヌは家を排泄物で汚したり、噛んだり、掘ったり、吠えたりといった悪い習慣にふけりやすいからです。そして、イヌのほうも不安になるのはいやなことです。

すばらしい週末とさびしい平日！

週末に注目と愛情を注いでもらえるのはすばらしいことですが、このために、月曜の朝が来て飼い主が仕事、子どもが学校に行ってしまうと、新しくやって来たあなたの子イヌは家族が恋しくなってしまいます。もちろん週末は、子イヌと一緒にたくさん遊んだりトレーニングをしたりしてください。でも、さびしい平日に備えて、静かにする時間も同じようにたくさん設けてやることが大切なのです。

子イヌが来てからの数週間の間、食べ物を詰めた噛むおもちゃを与えた状態で子イヌの居場所を頻繁に制限することは、子イヌが自信をつけ、自立できるようになる上で絶対に必要なことです。子イヌがひとりになっても喜んで噛むおもちゃで遊んでいられるようになれば、もうお行儀も自信も身についており、あなたが家にいる時好きなだけ子イヌと一緒に過ごしても、あなたの留守中に子イヌが不安になる恐れはありません。

分離不安と言えるだろうか？

　飼い主の留守中のイヌの「不服従」や、家をめちゃくちゃに破壊してしまうことは、ほとんどの場合、分離不安とは何の関係もありません。本当は、分離快感とでも言うほうが正確で的を得た表現かもしれません。飼い主がいない時に限ってイヌが噛んだり、掘ったり、吠えたり、家を排泄物で汚したりするのは、飼い主の前でそんなことをして楽しく過ごすのは無謀だということをイヌが学習しているからで

3章：ホームアローン（家でひとりぼっち）

す。飼い主がいない時にいたずらしてしまうのは、飼い主がイヌの正常で自然な行動を押さえつけようとして罰を与えてしまい、イヌに正しいふるまい方、つまりイヌの基本的欲求を示すのにふさわしい方法を教えなかったからです。実際には、分離不安という言葉が使われるのは、まだ排泄のしつけや噛むおもちゃのトレーニングができていないことへの言い訳であることが多いのです。

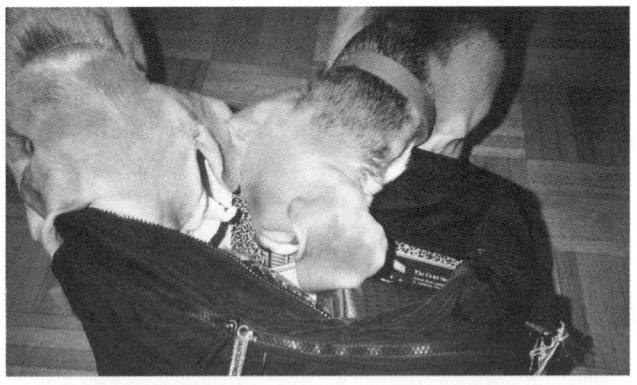

ビーグルはお客さんの荷物が置きっぱなしになっていると、「荷を解いて」中身を出さずにはいられません。

【訳注】
*1 タイムアウト timeout 一定時間、強化を受ける機会を与えないことで、不適切と考える行動の発現頻度を減少させる（弱化させる）手続きのこと。
*2 分離不安 separation anxiety 飼い主から離れてひとりぼっちになった時に、不安で落ちつかず、イライラし無力感を示す。主に、飼い主に依存し過ぎることから、飼い主が留守中に分離不安となり、さまざまな行動問題を引き起こすことがある。

4章 学習の期限 その4 人への社会化 ～生後3ヶ月齢までに～

AFTER:子イヌを飼ったあとに

AFTER

4章：学習の期限 その4

　子イヌを人と友好的になるよう育てしつけることは、飼いイヌの管理において二番目に重要なことです。ここで再確認しておくと、発達上の目標のうち一番重要なのは、どんな場合でも、咬みつきの抑制を教えることです。しかし、あなたの子イヌが家に来てから1ヶ月の間は、その緊急性から最優先で子イヌに教えなければならない重要課題が人への社会化です。

　あなたの子イヌは、生後3ヶ月齢になるまでに完全に人に社会化される必要があります。多くの人が、しつけ教室に入れる時こそが子イヌを人に社会化させる時期だと思っています。しかし、それは間違いです。それでは不十分な上、時期も遅すぎるからです。しつけ教室は夕べの楽しい集まりで、その目的は、(1) すでに社会化された子イヌをさらに継続して人に社会化させること、(2) これまで滞っていた他の子イヌへの社会化を矯正的に行うこと、そして、一番重要なのが (3) 子イヌに咬みつきの抑制を学ばせることです。

　あなたの子イヌの社会化に残された時間は、もうほんの数週間しかありません。あいにくあなたの子イヌは、少なくとも生後3ヶ月齢になるまで、すな

わち（子イヌに必要な予防接種*1が全部すんで）イヌがかかりやすい深刻な疾病に対して十分に免疫ができるまでは、家に閉じこもっていなければなりません。しかし、こうした重要な発達段階においては、比較的短い期間だけでも社会から隔離されてしまうことで、子イヌの気質がだいなしになってしまうことすらあるのです。イヌへの社会化はいったん中断して、しつけ教室やドッグパークに行ける月齢になってから再開することもできますが、人への社会化はどうしても後回しにすることはできません。なぜなら、他のイヌになつかないイヌと暮らすのは可能かもしれませんが、人になつかないイヌと暮らすのは難しく、ことによっては危険なことになる恐れもあるからです。特に、そのイヌがあなたの友人や家族の誰かを嫌いな場合はなおさらです。

　結論として、かなり急いであなたの子イヌをいろいろな人に引き合わせなければなりません。家族、友だち、見知らぬ人、そして特に男性や子どもと会わせるのが大切です。経験的に、子イヌは生後3ヶ月齢になるまでに、少なくとも100人に会う必要があります（平均して1日に新しく3人）。

4章：学習の期限 その4

緊急性

　子イヌを飼い始めたその日から、時は刻み始めており、時間が過ぎるのはあっという間です。生後8週齢までにはあなたの子イヌの重要な社会化期はそろそろ終わりかけており、その後1ヶ月もすれば、子イヌの心に記憶が焼き付けられる一番大切な学習期も終わりに近づきます。教えるべきことはとても多く、そのほとんどは直ちに教えなければならないのです。

> 　イヌのかかる深刻な疾病に感染しているイヌの尿や糞の匂いを嗅ぐことで、子イヌがこうした病気にかかってしまうことがあります。他のイヌが排泄した恐れのある地面には、絶対に子イヌを下ろしてはいけません。子イヌを車に乗せて友人の家に連れて行くことはかまいませんが、家から車へ、車から家への間は子イヌを抱っこしていってください。もちろん、こうしたことに注意するのは獣医師のところに行く時も同じです。動物病院の玄関前の地面や待合室の床は、一番汚染の可能性が高いと考えられる場所です。車から動物病院まで子イヌを抱っこして歩き、待合室ではひざの上にのせていましょう。
> 　それよりもっといいのは、子イヌをクレートに入れて、診察の順番が来るまで車の中で待たせておくことです。

夢のようなイヌ？　悪夢のようなイヌ？

　飼い犬に求められる一番大切な要素はよい気質です。性格の良いイヌと暮らすのは夢のように楽しいものですが、気難しいイヌは常に悪夢の種となります。さらに、犬種や血統とは関係なく、そのイヌの気質、中でも人や他のイヌに対する感情は、基本的にイヌの一生のうちでも一番重要な幼犬期の社会化（または社会化不足）によって決まってしまいます。このまたとないチャンスを逃してはいけません。安定したすばらしい気質が形成されるのはこの時期なのです。

手始めとして、18人の人を家に呼んで生後3ヶ月齢の子イヌに会わせるというのはどうでしょう？

4章：学習の期限 その4

100人に！

　子イヌを家から出せない時期を有効活用して、家に人を招きましょう。あなたの子イヌは生後3ヶ月齢になるまでに、少なくとも100人の人に会わなくてはなりません。実は、これはとても簡単です。週2回、その都度違う男性を6人ずつ呼んできて、テレビでスポーツ観戦をしましょう。ふつう男性はテレビのスポーツ番組とピザとビールと聞けば、気軽に来てくれます。同じ週の他の数日の夜には、アイスクリームとチョコレートと楽しいおしゃべりで誘って、女性6人を招きましょう。また週に1日は、家族、友人、近所の人を呼んで「子イヌと出会うディナー」を開き、これまでご無沙汰していた付き合いのツケを一気に返上しましょう。そして、パピーパーティーを毎週1回開催します。とにかく子イヌを隠しておいてはいけません。子イヌの社会化ですばらしいのは、あなたの社交生活もとても充実するということです！

```
┌─────────────────────────────────────────┐
│         招  待  状  （例）              │
│              ナイスガイ様               │
│   子イヌに出会うパーティーにぜひお越しください。│
│      日時：3月7日　午後7：30～9：00    │
│                                         │
│   ぜひいらして、うちの子イヌが「男のひと大好き」に│
│       なれるようお力添えください。      │
│     健康的でグルメな食事、最高級の飲み物、│
│         テレビのスポーツ中継つきです。  │
│  大人の男性（人間）のお友だちを一緒に連れてきてください。│
│   出欠はお電話でお知らせ下さい。（510）555-1234│
└─────────────────────────────────────────┘
```

社会化の3つの目標

1. 第1のステップは、あなたの子イヌがあらゆる人の行動や奇妙なふるまいを楽しむように教えることです。まずは家族、次いで友だちや見知らぬ人、特に子どもと男性です。成犬の場合、子どもや男性、特に男の子がまわりにいると一番不安になりやすいのです。もし子イヌが、子どもや男性がまったくいないか、ほとんどいない環境で育っていたり、子どもや男性と接触した時に嫌な目や怖い目にあっていたら、子どもや男性を嫌いになる可能性が高くなります。

2. 人、特に子ども・獣医師・トリマーなどに抱きしめられたりハンドリング*2されたり（押さえつけられたり調べられたり）することを喜ぶように教えましょう。特に子イヌの敏感な部分、たとえば首輪の近く・耳・足・マズル*3・尻尾・お尻などいろいろなところに触れられ、ハンドリングされても嫌がらないように教えましょう。

3. 要求されたら大事にしているものを喜んで手放すように教えましょう。特に子イヌの食器・骨・ボール・噛むおもちゃ・ゴミ・ティッシュペーパーなどです。

4章：学習の期限 その4

1. 子イヌが人を好きになり、人を尊重するように教える

　子イヌが家に来てからの1ヶ月間は、どうしても一時的に社会から隔離する必要がありますが、その埋め合わせに、安全な自宅でできるだけたくさんの人に会わせましょう。第一印象が大切ですから、必ず子イヌが初めて人に会う機会は楽しいものになるようにしてください。どのお客さんにも、ドッグフードの粒をいくつか手から子イヌに与えてもらいましょう。子イヌの頃に人と過ごすのが好きになっておくと、成犬になってもやはり人と過ごすのが好きでいられます。そして、人と過ごすのが好きなイヌは怖がったり咬みついたりする可能性も低いのです。

　必ず毎日違う人が何人も家に来てくれるようにしましょう。同じ人に繰り返して会っても、子イヌにとっては十分ではありません。子イヌは少なくとも1日に3人の見知らぬ人に慣れる必要があります。そして、必ずいつも、お客さんが入ってくる時は靴を脱いでもらい、子イヌを扱う前には手を洗ってもらうなど、決まった衛生手順をふんでもらいましょう。

合図をすると親しみやすい（陽気なおどけた）しぐさをするようあなたのイヌに教えておくと、人に好感をもってもらえます。すると、イヌのほうも人に好感がもてるようになります。

トレーニング・トリーツ？

子イヌがジャンクフードのトリーツをガツガツ食べないようにするには、1日分の給与量のドッグフードをトレーニング・トリーツとして使います。家族がフードを与えすぎてしまわないように、朝一番に1日の給与量のドライフードとフリーズドライ・レバーを計量して別容器に入れておきましょう。こうしておけば、ドッグフードやフリーズドライ・レバーがまだ容器に残っている間は、それをいつでもスナックや食事にしたり、トレーニング時のごほうびとして手から1粒ずつ子イヌに与えることができます。

お客さんひとりひとりにトレーニング・トリーツを1袋ずつ渡しておくと、あなたの子イヌは初めからお客さんを好きになりやすいでしょう。そして、お客さんに夕食用のドッグフードを使ったオイデ・オスワリ・フセ・ロールオーバー[*4]などのルアー／

4章：学習の期限 その4

ごほうびトレーニング*5法を教えましょう。たとえば子イヌを「オイデ」と呼びます。子イヌが近づいてくるのをほめ続け、そばまで来たらドッグフードを1粒与えます。少し下がって、もう一度繰り返しましょう。この一連の作業を何度か繰り返します。

イヌ語では、遊びのおじぎ*6（プレイバウ）は「ぼくはいいヤツだよ、遊ぼうよ」、片足を上げる（握手する）のは「きみのほうが偉いから従うよ、友だちになろう」という意味です。

子イヌが近づいてくるたびに、子イヌをオスワリさせましょう。「オスワリ」と言って、子イヌの鼻先から目の間まで、フードの粒をゆっくりと上にずらしていきます。そこで子イヌがフードの匂いを嗅ごうと見上げると、お尻が下がってオスワリの姿勢になります。子イヌが跳びあがってしまうようなら、ルアーを持つ手の位置が高過ぎますから、もう一度初めから、今度は子イヌのマズルにフードをもっと

近づけてやりましょう。子イヌがオスワリしたら、「いい子だ」と言ってフードを与えます。

　では次に、子イヌにオイデ、オスワリ、フセをさせましょう。子イヌが座ったら「フセ」と言い、フードをイヌの鼻先から前足のところまで下ろします。子イヌがフードにつられて頭を下げていくと、通常フセの姿勢になります。子イヌがそうしないで立ち上がってしまっても心配いりません。フードを手のひらの中に隠し、子イヌがフセをするまで待つだけです。子イヌがフセをしたらすぐに「いい子だ」と言ってフードを与えましょう。

　では次に、お客さんにロールオーバーのトレーニングのしかたを教えましょう。子イヌがフセの姿勢になったら、「ロールオーバー」と言って、フードを子イヌの鼻先から肩甲骨のほうへ、そしてさらに背骨の上部へ動かしていきます。子イヌが寝転がったら、「いい子だ」と言ってフードを与えます。

4章：学習の期限 その4

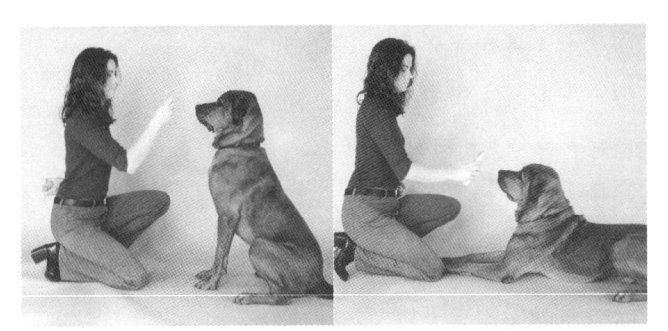

ルアー／ごほうびトレーニングがうまくいき、オイデ、オスワリ、フセができるようになると、子イヌはあなたに喜んで従い、あなたの願い（要求、指示、または命令）に敬意を払うようになります。あなたに敬意を払わせようと子イヌに無理強いしたり、いじめたりする必要は全くありません。

　オイデ・オスワリ・フセ・ロールオーバーの順で、一連の動作を子イヌが確実にできるようになるまで繰り返します。できるようになったら、次はお客さんひとりひとりに手を貸しながら、フード1粒でオイデ、オスワリ、フセ、ロールオーバーを3回続けて子イヌにさせられるようになるまで練習してもらいます。

　子イヌがこの方法でいつもお客さんの手から食事を与えられていれば、すぐに人と一緒に過ごすことが楽しくなり、喜んで近づいてきて、あいさつする時は自動的にオスワリすることを学習します。そして当然ながら、おまけとして、あなたや家族や友人も子イヌのしつけに協力してくれるようにしつけてしまえるわけです。

> ### 喜んで従う
>
> * すぐに喜んで近寄ってくるというのは、この子イヌが人に友好的だという確実な証拠です。
> * さらに、人のすぐ近くでオスワリやフセをしていられるというのは、その人を好きだということです。フードのルアーとごほうびをトレーニングに使うのは、子イヌに子どもや見知らぬ人が好きになるよう教える最高の方法です。
> * さまざまな人にフセやロールオーバーを教わった子イヌは、要求に応じて友好的なご機嫌とりをしたり、服従の気持ちを表現できるようになっています。
> * ここで一番大切なことですが、要求に応じてオイデ、オスワリ、フセ、ロールオーバーができるということは、あなたのイヌが指示を出している人に敬意を払っているということです。これは子どもが相手の時は特に重要です。子どもがルアー／ごほうびトレーニングをする時、要求する（命令する）と、イヌは喜んで自分から応じます（服従します）。そして、イヌの場合も子どもの場合も、喜んで自分から従うのが唯一の効果的かつ安全な服従方法なのです。

子ども

　幼犬期に子どもに社会化されることがなく成犬になってしまうと、子どもの行動やおふざけが大きな脅威になることがあります。子どもがイヌを興奮させてしまうことは良くあり、よく社会化された成犬でさえ、子どもに対して遊びや追いかけっこを始めてしまいトラブルを起こすことがあります。子イヌ

4章：学習の期限 その4

も子どもも、お互いにどうふるまったらいいかを教わる必要があります。でもこれは簡単で楽しいことですから、さっそくやってみましょう。

冗談でガバッと抱きつかれるだけでも、社会化されていない子イヌにとっては恐ろしく感じられることがあります。これが成犬であれば耐えがたいことになるでしょう。

　子どものいる飼い主にとって、これからの数ヶ月はかなり大変になるはずです。しかし、うまく子どもに社会化された子イヌは、一般的に非常に健全な気質を発達させるため（そうでなければ困りますが）、苦労のしがいが十分あるというものです。そして、この子イヌが成犬になる頃には、たいていのことには動じないようになっています。それでも、イヌと子どもの関係をできるだけ望ましいものにす

るため、またあなたのイヌに良い性格と安定した気質を確実に身につけさせるためには、飼い主は子イヌだけでなく、自分の子どもも教育しなければなりません。あなたの子どもに子イヌにどう接するべきか教え、子イヌには子どもにどう接するべきか教えましょう。

子どもと子イヌ（または成犬）を一緒にしたら、絶対目を離してはいけません。

　家に子どもがいない飼い主の場合は、また別の課題があります。今すぐ子どもたちを家に招いて、子イヌに会ってもらわなければなりません！　しかし、あなたの子どもをしつける腕が子イヌをしつける腕より優れているのでなければ、当初は呼んでくる子どもは小人数にしましょう。まずは、ひとりか

ら始めます。子どもひとりだけというのは最高です。2人でもまあ問題ありません。しかし、子ども3人＋子イヌとなると、すぐに危ない集団と化して、莫大なエネルギーを発散するようになります。それはさておき、ここで目指しているのは、子イヌにも子どもにもおとなしく行儀良くできるよう教えることです。

　まず、しつけの行き届いた子どもだけを呼びましょう。子どもからは決して目を離さないようにします。もう一度繰り返しますが、子どもからは絶対に目を離さないように！（後日しつけ教室に行くことになれば、子どもが子イヌにどう接するかを学び、子イヌをどうやってしつけるかを学んでいるのをたくさん目にするでしょう）

第2に、あなたの友だちの子どもや親戚の子どもを招きましょう。これは子イヌが成犬になってからも、定期的にまたは時々会うことになる可能性が高い子どもだからです。

　第3に、近所の子どもに来てもらいます。覚えておいてください。あなたのイヌを庭のフェンス越しにおどかして興奮させるのは通常近所の子どもで、そのおかげでイヌが吠えたり、うなったり、空咬(からが)みしたり、跳びついたりしてしまうのです。そしてもちろん、あなたのイヌが自分の子どもに吠えたり怖がらせると苦情を言ってくるのは、その子どもの親（あなたの隣人）です。イヌは好意を持っている子どもにはあまり吠えることがないので、じっくり時間をかけて、子イヌに近所の子どもと知り合いにさせ、好きになるようにしましょう。同じように、子どものほうも、知り合いの人が飼っている、顔見知りの大好きなイヌをからかうことはあまりありません。ですから、じっくり時間をかけて、近所の子どもがあなたや子イヌと知り合い、好意を持つ機会を作ってあげましょう。

　子どもにはドライフードに加えて、必ずおいしい

4章：学習の期限 その4

トリーツ（フリーズドライ・レバー）を渡しておき、ハンドリングやトレーニングレッスンの際にルアーやごほうびとして子イヌに与えてもらいます。そうすれば、あなたの子イヌはすぐに、子どもも子どもがくれる物も大好きになります。

呼ばれたら行くこと、要求されたらオスワリすることによって、子イヌは自分のトレーナーである子どもに喜んで従い、敬意を示します。

　初めの1週間は、子イヌが子どもと交流する際には必ず慎重にコントロールして、落ちついた状況で行われるようにします。しかし、その後パピーパーティーを開く時には、お祭りムードを盛り上げることが大切です。風船や紙のリボンで飾りつけ、音楽をかけて雰囲気を盛り上げ、子イヌにはトリーツ、子どもにはプレゼントや鳴り物や水あめを用意すれば、準備万端です。

　あなたの子イヌがまだとても幼い時に、騒音や子

どもが動き回るのに初めて遭遇し、完全にそれに慣れておくことは本当に大切です。もしあなたのイヌが青年期になって初めて子どもと遭遇し、それも子どもが公園で走り回ったり叫んだりしている時だと、子イヌはどうしても子どもを追いかけたくなってしまい、たいていトラブルに巻き込まれてしまいます。しかし、子イヌが運良くパピーパーティーを何度も開いてもらっていたら、子ども（あるいは大人）が笑ったり、叫んだり、走り回ったり、スキップしたり、転んだりしているのには慣れているので、そんなことは珍しくもなんともなくなります。とっくに経験済みですから！　ほんの数回子どもと一緒にパーティーをしておけば、パピーパーティーではあくびが出るほど当たり前で驚きもしなくなった変なことにも、現実生活で遭遇することはまずありえないくらいなのです。

パピーパーティーのゲーム

　最初にするゲームとしては、「ラウンド・ロビ

4章：学習の期限 その4

ン・リコール」と「パピー・プッシュアップ」が理想的です。椅子を大きな輪になるように並べて、子どもたちに座ってもらいます。一番初めの子どもが子イヌを呼んで、フセとタテを続けて3回させます。そして、隣に座っている子どものほうを向いて、たとえば「ローバー、ジェイミーのところへ行って」と言い、子イヌをジェイミーのところへ行かせます。次にジェイミーは子イヌをそばに呼んで、パピー・プッシュアップを3回させる、といった具合です。これはすばやくリコールをしたり、稲妻のように速く制御命令（オスワリやフセ）に従わせるためのすばらしいレッスンになります。

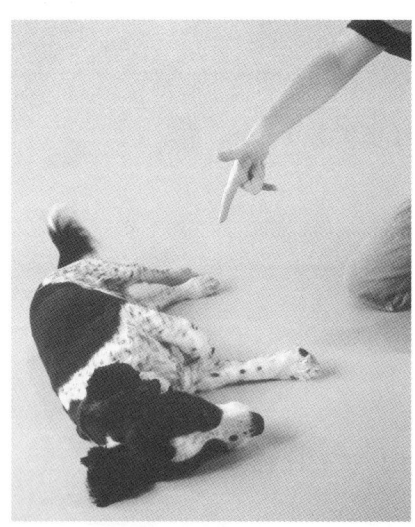

キャラハンが「バン！」（フセ・マテ）を習っています。

2回目のパピーパーティーからは、「ビスケット・バランス」や「ドロップ・デッド・ドッグ」をするのがいいでしょう。どの子どももほめてごほうびをあげてください。そして、子イヌの鼻の上にミルクボーンをのせて一番長くバランスをとらせることができた（一番長くオスワリ・マテをさせることができた）子どもや、一番長くフセをして死んだふりをさせることができた（一番長くフセ・マテをさせることができた）子どもには、とびきりいっぱいほめて、特別賞をあげましょう。

　経験的には、子イヌが生後3ヶ月齢になる前に、少なくとも20人の子どもにハンドリングとトレーニング（オイデ・オスワリ・フセ・ロールオーバー）をしてもらう必要があります。

子どもの心を宿したダグが、スクーターにミルクボーンを頭の上にのせてバランスをとる方法を教えています。スクーターは楽しみながらオスワリ・マテを学んでいるのです。

4章：学習の期限 その4

男性

　成犬の多くは女性よりも男性を怖がります。ですから、できるだけ大勢の男性を呼んで、子イヌをハンドリングしたりジェントリングしてもらいましょう。男性のいない家庭では、男性に来てもらって子イヌを社会化させることが特に大切です。必ず男性のお客さん全員に、手からドライフードを子イヌに与えるルアー／ごほうびトレーニングの方法を教えて、オイデ・オスワリ・フセ・ロールオーバーなどをやってもらいましょう。男性のお客さんのトレーニング用ドライフードの袋に、とっておきのおいしいトリーツをいくつか入れておけば、子イヌは男性が大好きになり、親密な関係を築くことができるでしょう。

チワワの子イヌを抱きしめて。

見知らぬ人

　幼い子イヌには、どんな人でも受け入れ耐えられる素地がありますが、青年期のイヌや成犬の場合は通常、人を受け入れるよう教えてもらえない限り、知らない人に対しては自然と身構えるようになっていきます。もし生後3ヶ月齢になる前にあなたの子イヌに100人の人に引き合わせておけば、青年期に入った時に見知らぬ人を受け入れやすくなります。しかし、あなたの成犬がずっといつまでも見知らぬ人を受け入れられるようにするには、継続的に子イヌに見知らぬ人と会わせることが必要です。同じ人に繰り返し会うのではうまくいきません。毎日新しい人に会い続ける必要があります。ですから、最近、家庭での社交生活を改善したのを引き続き充実させたり、定期的にイヌを散歩に連れて行ったりしなくてはなりません。

4章：学習の期限 その4

> 「こんにちは」はオスワリで
>
> 　できるだけ早急に、人に挨拶する時には必ずオスワリをすることを習慣にさせましょう。家族・お客さん・見知らぬ人が、子イヌにあいさつをしたり、ほめたり、なでたり、トリーツを与えたりする前に、必ず子イヌにオスワリをさせます。すると、子イヌはすぐに人が近づくと反射的にオスワリをするようになります。人にあいさつする時にオスワリをすると、ほめられたりフリーズドライ・レバーをもらえるので、子イヌは跳びつかなくなります。そして、イヌの立場からしても、オスワリをすると注目してもらえ、やさしくしてもらえ、フリーズドライ・レバーまでもらえるのですから、跳びついて叱られるよりずっといいのです！

警告！

　もしあなたの子イヌがなかなかお客さんに近づかない、または全く近寄らないとしたら、直ちに対処しましょう。確かにあなたの子イヌはシャイなのかもしれませんが、ひどく社会化不足であることも事実です。生後2、3ヶ月齢の子イヌが積極的に人に近づかないのは全く異常なことです。1週間以内にこの問題を解決しなければなりません。さもないと、この問題はすぐに悪化してしまいます。それも、かなりひどく。加えて、そのままで何日も過ごしてし

まうと、後になって矯正的な社会化をしようとしても、その効果は遅れれば遅れるほど薄れていってしまいます。子イヌの恐怖心を無視して、「この子は見知らぬ人に慣れるのに時間がかかる」などと正当化しないでください。子イヌの頃に人に慣れるのに時間がかかるようなら、成犬になった時には、おそらく見知らぬ人を受け入れられず、怖がるイヌになるでしょう。人が周りにいると怖くて不安になるようにしてしまうなんて、子イヌがかわいそうです。ぜひ今日から子イヌを助けてあげてください。

　この問題の解決策は単純かつ効果的で、ふつう解決までほんの1週間しかかかりません。これから1週間のあいだは、毎日7人以上の違う人に来てもらい、子イヌに手からフードを与えてもらいます。この1週間だけは絶対、家族の手からフードを与えたり、食器から子イヌに自由に食べさせてはいけません。家に来るお客さんの手からだけ子イヌがフードをもらっていれば、このテクニックはすぐに効果を発揮します。子イヌが喜んで手からフードをもらうようになれば、お客さんに頼んで子イヌにオイデ・オスワリ・フセをさせてもらい、うまくできたらドライ

フードを1粒与えてもらいます。そうすれば、お客さんはすぐに子イヌの新しい親友になるでしょう。

からかったり手荒く扱ったりする

　子どもや男性は特に、子イヌをからかったり手荒く扱ったりすることが面白いようです。子イヌはからかわれたり、手荒に扱われたりするのを肯定的に受け止めて楽しむこともあれば、不快に感じておびえることもあります。

　悪気のないおふざけなら、子イヌも人もとても楽しめることがあります。ですから、からかうのもうまくやれば、子イヌが次第に男性や子どものする変なことに慣れ、脱感作(だっかんさ)*7していくことで、自信を身につけることができるのです。他方、しつこいからかいは不快ですし、傷つけてしまうこともあります。また、悪意のあるからかいはからかいではありません。それは虐待です。

　子イヌに自信を身につけさせるためには、一時的に

> **とても大切なルール**
>
> たったひとりの人のせいで、子イヌの性格に良くも悪くも大きく影響してしまうことがあります。そのために、子イヌが喜んで近寄って来る、すぐにオスワリする、おとなしくフセをするなどをやって見せることができない人には、誰にも（絶対に！）あなたの子イヌに接したり遊んだりさせてはいけません。
>
> 子イヌにどう接するかを教えてもらっていないお客さん、特に子ども、男性の友だちや親戚の人が、良い子イヌをあっという間にすっかりだいなしにしてしまうことは珍しくありません。あなたのお客さんがどうしてもわかってくれず、行いを正さないなら、子イヌを長時間居場所の制限をするところに入れておくか、お客さんに帰ってもらいましょう。

子イヌからおもちゃやフリーズドライ・レバーを取り上げたり、しばらく子イヌを抱きしめたり押さえつけたり、聞きなれない音を立てたり、少しの間ちょっと気難しい顔をしたり、変な体の動きをしてみせたりして、それぞれの行為の後に、子イヌをほめてフリーズドライ・レバーを与えます。食べ物のごほうびを与えることで、子イヌがあなたの怖い顔や変な動作を受け入れることを強化でき、子イヌに自信をつけさせることができます。これを繰り返すたびに、あなたはもっと怖い奇妙な行動をして、その後またフリーズドライ・レバーを与えます。そのうちに、子イヌは人のどんな行為や身ぶりも、自信を持って受け入れられるよ

4章：学習の期限 その4

うになります。万一、子イヌがフリーズドライ・レバーを受け取らなくなってしまったら、それはふざけ過ぎたのです。その場合は、しばらくおふざけはやめて、子イヌがおびえないような状況にしてやり、子イヌがフリーズドライ・レバーを手から5−6個食べるまで待ってください。

手荒に扱ったことで子イヌを怖がらせてしまうこともありますし、ケンカ遊びをしたことによって、飼い主が子イヌをコントロールできなくなってしまうことがよくあります。一方で、ちょっと常識を働かせてさえいれば、手荒な扱いやケンカ遊びは子イヌに自信をつけさせたり、咬みつきの抑制をしたり、制御レッスンを行ったりするのに最適の方法となります。頻繁にタイムアウトを取り、落ちつかせ、子イヌをほめて安心させてやります。子イヌの針のように鋭い歯で咬みつかれて痛かったら、毎回「痛いっ！」と叫びましょう！　そして子イヌを30秒ほど無視しておき、その後オイデ・オスワリ・フセをさせてから、もう一度遊びを再開します。トレーニング中は何度も間をおいて、あなたがまだ子イヌをコントロールできるか、たとえば子イヌにすぐに遊ぶのをやめさせ、オスワリとフセをしておとなしくさせられるかをチェックしましょう。

子イヌがしつこくからかわれても楽しめるように、しつける必要があります。子イヌに心の準備ができていない時に、子どもが両手を伸ばしてどこまでも追いかけて来ると、子イヌは何よりも恐ろしく感じます。しかし、手間をかけて子イヌに楽しくゲームをすることを教えていれば、飼い主が食卓の周りを怪獣歩きをしながら追いかけて来るのも、子イヌにとって一番楽しいゲームになりえます。たいていのイヌはゲームが怖くないことを教わってさえいれば、追いかけられるのが大好きです。

　しかしながら、子イヌが嫌がるのを見て楽しむという悪意のあるからかいは、言葉では言い尽くせないほど残酷で愚かなことです。子イヌを嫌がらせたり怖がらせたりするのは好ましくありません。あなたはこうすることで、子イヌに人を信頼しないように教えているのであり、子イヌが成犬になって人に対して身構えるようになってしまっても、それはあなたの責任です。それでも、かわいそうに、そうなることで困るのは子イヌであって、あなたのほうではありません。ですから、決してそんなことはしないでください。

　子イヌがからかわれるのを喜ぶかどうかを簡単に

4章：学習の期限 その4

判断する方法があります。ゲームをやめて後ろに下がり、子イヌにオイデとオスワリをさせてみます。もし子イヌが尾を振りながらすぐに寄ってきて、首をピンと伸ばして座れば、おそらく子イヌはあなたと同じぐらいゲームを楽しんでいるでしょう。それならゲームを続けてかまいません。もし子イヌが体を震わせながら近寄り、下を向いて尾を垂れて、過剰になめる動作をし、「オスワリ」と言った時にフセかロールオーバーをしたら、あなたはふざけ過ぎて子イヌの信頼を失ってしまったのです。この場合、遊ぶのをやめ、後ろに下がって、子イヌにオイデとオスワリをさせてフードを1粒与えるということを何度も繰り返し、自信を回復させましょう。子イヌが呼ばれてもなかなか近寄って来なかったり、全く来なくなってしまったら、子イヌはあなたのことが嫌いになっており、あなたがしている変なゲームにも興味を持てなくなっています。直ちに遊びを中断してください。鏡をじっと見つめて、自分がどんなひどいことをしてしまったか反省してください。そして、もう一度子イヌのところに戻ってフリーズドライ・レバーを投げてやり、子イヌが自信を持って、

喜んでオイデとオスワリを3回続けてできるまで、関係修復に努めます。

　からかいは毒にも薬にもなるため、子イヌが楽しんでいるかどうか、定期的に何度も確認しなければなりません。ゲームを始める前に、子イヌがオイデとオスワリをするかどうかチェックし、ゲームを始めてからも少なくとも1分おきにチェックしましょう。とにかくこれは、子イヌが興奮して楽しんでいる時でもあなたが子イヌをコントロールできるかどうかを確認できる、賢明な問題発生への予防策です。

　またこれと同様に、あなたの家族や友人に子イヌと遊ばせる時は、必ず子イヌにオイデ・オスワリ・フセ・ロールオーバーをあなたと同じようにさせられるかどうか確認してからにします。この単純で効果的な予防方法は、男性にも、女性にも、子どもにもしてもらってください。

　十分配慮した上で行うなら、ケンカ遊びや引っ張りっこゲームなどの身体を使ったゲームは咬みつきの抑制や制御レッスンとして効果的であり、オビーディエンス・トレーニングで、成犬をやる気にさせるのにもぴったりです。しかし、効果をあげるため、

4章：学習の期限 その4

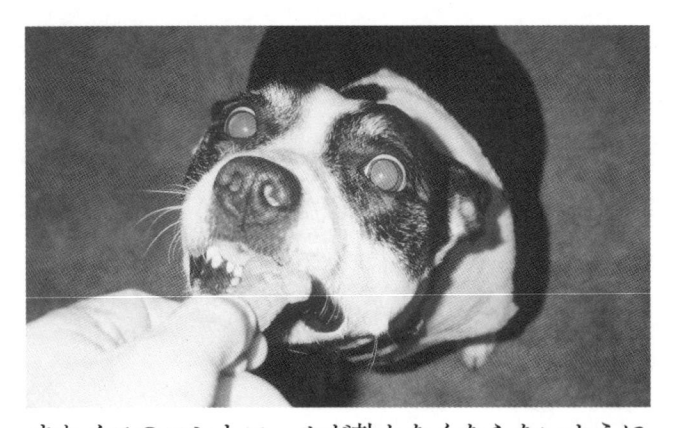

またイヌのコントロールが効かなくならないようにするためには、こうしたゲームは厳密なルールに従って行わなくてはなりません。その中でも一番重要なのは、あなたがいつでもイヌをコントロールできていること、つまりいつでも「フセ」と言うだけで子イヌが遊ぶのを止めて、おとなしくフセができることです。そこまでコントロールができないのなら、子イヌを手荒く扱ってはいけません。というのは、その状態で子イヌを手荒く扱ってしまうと、本当にすぐに子イヌをだいなしにしてしまうからです。一方で、子イヌと一緒に身体を使ったゲームがしたければ、『イヌの行動問題としつけ』の「咬みつく（防御的行動）」の章をご覧ください。

> 手からフードを与える
>
> 1. 手からフードを与えることで、子イヌはドライフードが好きになります。そうすれば、フードをルアーやごほうびとして効果的に使って、ハンドリングやジェントリングのレッスンや基本的なトレーニングができるようになります。特に、子ども、男性、見知らぬ人にもトレーニングができるようになります。
> 2. 手からフードを与えることで、子イヌはトレーニングもトレーニングする人も好きになります。特に子ども、男性、見知らぬ人です。
> 3. 子イヌに「オフ（放せ）」と「取れ」を教えると、食べ物を放さなくなるのを予防できます。
> 4. 子イヌに「やさしく取れ」を教えるのは、子イヌが甘咬みを発達させ、咬みつきの抑制を学ぶのに一番大切な基本となります。
> 5. 手からフードを与えるようにすると、あなたの都合の良い時に、子イヌに顎の力をコントロールすることを教えることができ、子イヌが咬みつき遊びを始めてうるさい時に、たしなめる必要もありません。

2. ハンドリングとジェントリング

さわったり抱きしめたりできないイヌを愛して一緒に暮らすというのは、抱きしめることのできない人を愛して一緒に暮らすことと同じくらいばかげたことです。また、危険な可能性もあります。それなのに、扱いにくいイヌはちっとも珍しくないと言う

獣医師やトリマーがいます。確かに、見知らぬ人に押さえつけられたり調べられたりすると、たいていのイヌは極度のストレスを受けます。抱きしめられることと押さえつけられること、またハンドリングされることと調べられることの間には、物理的にはほとんど違いがありません。この違いは子イヌの見方によるものです。一般に、相手が友だちの場合は、子イヌは抱きしめられた、あるいはハンドリングされたと感じますが、見知らぬ人の場合は、押さえつけられ、調べられたと感じます。

　調べられている間に子イヌが力を抜いておとなしくできなければ、獣医師やトリマーは単純に仕事になりません。怖がりで攻撃的な成犬、またどうしてもじっとしていられない青年期のイヌの場合、拘束して静かにさせ、ことによると麻酔でもしなければ、定期健康診断や歯磨きやトリミングができないこともあります。押さえつけられると、一連の手続きがイヌにとって必要以上に恐ろしいものになります。そして、しつけられていないイヌは麻酔の危険にさらされることになり、麻酔で落ちつかせるために獣医師の時間がとられてしまうため、飼い主にとって

も診察料が高くつくことになります。これは本当に愚かなことです。人が定期的に病院・歯医者・美容院などに行く時、いちいち麻酔など必要がないように、飼い主が、人に会ったりハンドリングされることを喜ぶように子イヌに教えてさえいれば、イヌにも麻酔をする必要などないはずです。

ハンドリングも抱きしめられるのも嫌いなイヌと一緒に暮らすなんて、何の意味があるでしょう？

あなたの子イヌが成犬になった時、人が周りにいると警戒して不安になったり、触られるのを怖がる

ようになってしまうのは、子イヌに対してとてもフェアとは言えません。もともと超社会的な動物を家に連れて来て、人間世界に住まわせておいて、人と過ごしたり触れ合ったりするのを喜べるように教えないなんて残酷です。かわいそうなイヌは一生心理的拷問(ごうもん)にさらされることになります。これは多くの意味で、どんな虐待よりもひどいことです。

　子イヌがハンドリングになんとか耐えられるというだけでは十分ではありません。見知らぬ人からハンドリングされるのを心から喜べるように学習する必要があります。見知らぬ人にハンドリングされたり、調べられたりするのを心から喜べるようになっていない子イヌは、いつか爆発する時限爆弾のようなものです。ある日、見慣れない子どもがあなたの子イヌを抱きしめてなでようとすることもあるでしょう。子イヌがそれを嫌がったとしたら、子どもも、あなたも、子イヌも、みんな大変なことになってしまいます。

　子イヌは (1) 見知らぬ人より、まずなじみのある人、(2) 子どもより大人、(3) 男性より女性、(4) 男の子より女の子に先にハンドリングされるべきです。

社会化のレッスンと同様、まず大人の家族が、子イヌがハンドリングされたりやさしく押さえつけられることに慣れるようにしておく必要があります。これによって子イヌは、ハンドリングとジェントリングのゲームを学んで楽しむようになり、そうなれば見知らぬ人や子どもも子イヌに接触できるようになります。人にハンドリングされ、調べられることが好きになるよう幼い子イヌに教えるのは、とても簡単な上、本当に楽しいことです。一方、青年期のイヌや成犬にハンドリング（特に子どもや見知らぬ人によるハンドリング）させるのは、時間がかかるばかりか、ことによったら危険でもあります。ですから、ぐずぐずしていてはいけません。直ちに始めましょう。

抱きしめる／押さえつける

　これは楽しいところです。子イヌを抱きしめていいのですから。実は、ここでは家族もお客さんも皆が子イヌを抱きしめていいのです。リラックスして

4章：学習の期限 その4

子イヌと一緒にいるのはとても楽しいことです。子イヌの方もリラックスしていればなおさらです。もし子イヌがリラックスしていなければ、子イヌに力を抜いておとなしくさせ、ぎゅーっと長い間抱きしめられても心から楽しめるよう教えなければなりません。

　離乳期の前から、特に新生児期の間に頻繁にハンドリングされていたなら、子イヌは生後8週齢には抱き上げられるとウドンみたいにくにゃくにゃになり、あなたの膝の上でぬいぐるみのように力を抜いておとなしくするようになっているはずです。もしあなたの子イヌが生家で初期のハンドリングをたっぷりしてもらえなかった場合でも、生後8週齢ならハンドリングレッスンは簡単にできます。しかし、直ちに始めてください。なぜかというと、あとほんの3ヶ月もすれば、子イヌは扱いにくい生後5ヶ月齢の青年期のイヌに成長し、同じ簡単なハンドリングレッスンも全く違う難しいものになってしまうからです。しつけられていない青年期のイヌほど扱いにくいものはありません。

具体的なハンドリングレッスンに入る前に、子イヌがあなたの膝の上に寝転んで、完全にリラックスすることを確認しておいてください。いったん子イヌがあなたを信用するようになり、十分自信を身につければ、喜んであなたの体にくっついてきて、ぬいぐるみのように"ふにゃっ"となります。

　子イヌを抱き上げて膝にのせ、あなたの片手の指を首輪にかけて、子イヌが跳び下りないようにしておきます。もう一方の手でゆっくり、繰り返して子イヌの頭から背中までなでてやり、子イヌが一番楽な姿勢で落ちつかせます。子イヌがじたばたしたり身もだえしたりするようであれば、胸や耳の付け根をやさしくなでてやります。子イヌが完全に力を抜いたら、子イヌを抱き上げて仰向けにし、なだめるようにお腹をなでてやります。お腹をなでる時には、手のひらで何度も円を描くようになでます。子イヌの鼠蹊部（内股の付け根）をそっとなでてやっても、子イヌは落ちつきます。子イヌがおとなしく落ちつ

4章：学習の期限 その4

いている間に、時々抱き上げて、少しの間抱きしめます。だんだん抱きしめる（押さえつける）時間を伸ばしていきます。しばらくして、子イヌを誰か他の人に渡し、その人にもここで説明したレッスンを繰り返してもらいます。

すばやく落ちつかせる

しばらくマッサージしてはたまに抱きしめることに加えて、どれだけ早く子イヌを落ちつかせることができるか見てみましょう。短い遊びの時間と、おとなしくさせてやさしく押さえつける時間を交互に繰り返します。子イヌがすぐにあなたの膝の上でおとなしくするようになったら、次は床の上で落ちつかせるようにしてみましょう。

かんしゃく？

子イヌが暴れまくる場合や、かんしゃく持ちの場合は特に、絶対に子イヌを逃がしてはいけません。逃がしてしまうと、もがいたりかんしゃくを起こせば飼い主はあきらめるから、おとなしくしてハンドリングなんかされることはないと学習してしまいます。そうなっては困ります！　片方の手を子イヌの

首輪にかけ、もう片方の手のひらで子イヌの胸を押さえておいて、子イヌの背中はやさしく、しかしぴったりとあなたのお腹につけておきます。子イヌの四肢があなたの体とは逆の外を向くように抱いて、あなたのお腹の下の方に子イヌの体をのせるようにすれば、子イヌが振り向いてあなたの顔を咬むことはできません。子イヌはそのうち落ちつきますから、それまでじっと抱いています。子イヌの耳を一方の手の指で、子イヌの胸をもう片方の手の指先でマッサージを続けます。子イヌがおとなしくなって暴れなくなったら、子イヌをほめてやり、数秒したら放してやります。これを繰り返して行ってください。

　もし丸1日練習してみて、それでも子イヌが喜んでおとなしく抱きしめられる（押さえつけられる）ようにならなければ、すぐにトレーナーに電話して、家に来てもらいましょう。これは緊急事態です。ハンドリングも抱きしめることもできないイヌと暮らしたくはないはずです。

4章：学習の期限 その4

> **アルファー・ロールオーバー？？？**
>
> あなたに乱暴に扱われたり、無理やり仰向けに押さえつけられたら、子イヌはあなたを信頼も尊敬もしなくなります。それどころか、もっと抵抗するようになってしまいます。あなたに抱きしめられると、子イヌは無理やり押さえつけられたと感じて、抱きつかれることすらすぐに嫌がるようになってしまいます。説明したように、やさしく、気長に対応してあげてください。

ハンドリングする／調べる

　生後8週齢の子イヌにハンドリングや調べられるのを喜ぶように教えるのは、とても簡単だけでなく、どうしても必要なことです。その上、これができるとあなたや子イヌが助かるだけでなく、子イヌの獣医師・トレーナー・トリマーも、今後ずっと感謝してくれます。ハンドリングや調べられるのを怖いと感じてしまうとしたら本当に気の毒な子イヌです。

　多くのイヌには、敏感な部分がたくさんあります。幼犬期にそこを触られるのに慣れておかなければ、触られることに非常に過敏になってしまいます。耳・足・マズル・首輪の回り・お尻を子イヌのうち

に脱感作しておかないと、成犬になってこうした部分をハンドリングされた時、防衛的な反応をしやすくなります。これと同様、子イヌの頃に直接視線を合わすことに慣れていないと、目をじっと見つめられた時、怖がったり防衛的な反応をしたりすることがあります。

　誰もいちいち調べることがないために次第に過敏になっていく部分もあります。たとえば、イヌのお尻を調べたり、口を開かせて歯を見たりする飼い主はあまりいません。また、生まれつき敏感な部分もあって、子イヌでさえそういうところに触れられると拒否反応を起こします。たとえば、肢や足先をぎゅっとつかめば、あなたの手に咬みつくでしょう。

他にも、飼い方が悪かったり、正しくハンドリングされなかったために敏感になる部分があります。垂れ耳のイヌは感染症にかかりやすいため、耳を調べられることと痛いことをすぐに関連付けてしまいます。これと同様、成犬の多くはじっと見つめられたり首輪をつかまれたりすると、悪いことが起きるという連想をします。また、人がイヌの首輪をつかんで引っ張る、リードをつけようとして首輪をつかむ（つまり、ドッグパークでの楽しいプレイセッションを終わりにする）、あるいは何か悪いことをしたので罰を与えようと首輪をつかむなどすると、イヌはすぐに人の手を怖がる（ハンドシャイ）ようになってしまいます。

　ハンドリングと体を調べるレッスンによって、敏感な部分が感じにくくなっていき、子イヌはハンドリングされることに対して肯定的な連想ができるようになります。ドライフードを手から与えることと一緒にハンドリングを行えば、子イヌを脱感作してハンドリングを楽しむように教えることは簡単です。実際これはあまりにも簡単なので、どうしてハンドリングしにくい成犬がそんなにたくさんいるの

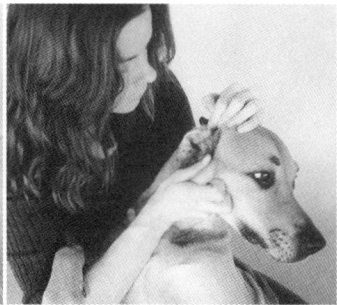

あなたがイヌの耳・マズル・歯・足を調べる時、あなたの子イヌが完全に安心していられることを確認しましょう。それぞれの部分を調べるたびに、たくさんドライフードを手から与えます。

か不思議なくらいです。

　子イヌにハンドリングされることを楽しむよう教えることは簡単です。その日の給与量のドライフードをトレーニング・トリーツとして使います。まず子イヌの首輪を押さえてトリーツを1つ与えます。そして子イヌの目をじっと見つめてトリーツを与えます。片方の耳をのぞいてトリーツを与えます。足を握ってトリーツを与えます。これは4本の足で行ってください。また子イヌの口を開けてトリーツを与えます。お尻や生殖器を触ってトリーツを与えます。この一連の作業を繰り返してください。毎回繰り返すごとに、段階的にそれぞれの部位をより念入りに、より長い時間をかけてハンドリングし、調べ

4章：学習の期限 その4

子イヌには耳が2つ、足が4つあることをお忘れなく！ 飼い主が子イヌの片方の耳（通常右耳を右手で）や前足しかハンドリングの練習をしていなかったため、獣医師やトリマーがもう片方の耳や後ろ足を調べようとした時に、ひどくショックを受けることがあります。

にしていきます。

　子イヌが家族にハンドリングされたり調べられることに完全に慣れたら、今度はお客さんと一緒に「パス・ザ・パピー」をして遊びましょう。このゲームは、お客さんひとりずつに、子イヌの首輪をつかむ、目をのぞき込む、耳・足・歯・お尻をハンドリングしたり調べるといったことを順番にしてもらって、それぞれの後に先ほど説明したようにトリーツを与えてから、次の人に（トリーツの袋と一緒に）子イヌを渡してもらうというものです。

わざと子イヌを傷つけたり怖がらせる人はあまりいませんが、事故が起きてしまうことはあります。たとえば、お客さんが知らずに子イヌの足を踏んでしまう、飼い主が首輪をつかもうとして間違えて子イヌの毛をつかんでしまうなどです。しかし、子イヌが安心してハンドリングされるようになっていれば、そんな時でも防衛的な反応をする可能性はほとんどありません。

罰

　イヌが人を警戒するようになる2大原因は、社会化不足であることと、罰が厳し過ぎることです。人を避けようとするイヌがたくさんいますが、そういったイヌの場合、人がイヌに近づいてハンドリングしようとしたりなでようとすると、問題が起きます。
　自分の子イヌにわざわざ不快な思いをさせたがる人はほとんどいませんが、唯一見られる例外が罰を与える時です。罰は当然イヌにとって不快でなければ意味がないでしょう。しかし、この不快なことが

4章：学習の期限 その4

あまりに頻繁に起こり、しかもあまりにひどいとしたら許しがたいことです。残念ながら、時代遅れのトレーナーや、そういう人の書いた時代遅れのしつけ本を読んだたくさんの飼い主が、子イヌが間違ったことをしたからといって（たとえば、そんなものがあるとも知らなかったルールを破ったからといって）、しつけられていないイヌを罰することに夢中になってしまいがちです。それより、子イヌに家庭のルールを教えてやるほうがずっと早いのです。すなわち、子イヌに何をしてほしいか教えて、子イヌがしてほしいことをしたらごほうびを与えることです。それによって子イヌは学習し、あなたがしてほしいことをしたがるようになります。あまりにも頻繁に罰したり、厳罰を科したりするために、イヌの多くがハンドリングされることも、ハンドラーも嫌いになってしまいます。

　頻繁に罰しなくてはならないということは、あなたの方針に問題があるということです。ですから、イヌは相変わらず悪いことをし、繰り返し罰を与えられます。つまり、トレーニングが全く機能していません。別の計画に乗り換える時期です。これまで

に犯した過ちに対してイヌを罰する代わりに、今後どうふるまっていくかを子イヌに教えることに専念するべきです。忘れないでください。あなたの望むこと、つまりあなたが正しいとみなす行動をしたことに対して子イヌにごほうびを与えるほうが、それ以外のさまざまな間違った行動を罰するよりずっと効率も良く、効果的なのです。

　頻繁に罰するのは先のとがったくさびで刺されるようなもので、次第にペットと飼い主の間に溝が広がり、関係が損なわれていってしまいます。まず、イヌはリードをはずした時にコントロールできなくなり、なかなか近づかなくなってきて（もうあなたのそばに来たくなくなっているため）、最終的にはあなたに近寄られたりハンドリングされたりすると、警戒したり、怖がるようになります。ところが、イヌと一緒に暮らす意味は、何と言ってもイヌと一緒に過ごすのを楽しむことにあるのです。あなたと一緒に過ごすなんてごめんだというイヌと暮らすのは、あなただって嫌でしょう。ですから、自分がいつも子イヌを叱っては罰していると気づいたら、トレーナーの助けを求めることです。

4章：学習の期限 その4

　厳罰を科してしてしまうのは、しつけがうまくいっていない明らかな証拠です。また、厳しく罰したところでイヌのいたずらは止まることなく、あなたはもっと厳しくすれば効果が上がるはずと思ってもっと厳しく罰していきます。仮に罰に効果があるとしたら、イヌは間違った行為を繰り返さないはずです。厳罰に処されたのにまだイヌが間違いを犯し続けるとしたら、ただ自動的にもっと厳しい罰を与えるのではなく、罰本位のトレーニング・プログラムの妥当性自体を疑ってみるべきです。厳罰などというものは全く不必要なばかりか、逆効果ですらあります。問題の解決になるというより、さらに問題を悪化させてしまいます。そして、厳罰によってしてほしくない行為がなくなったとしても、人とイヌとの関係は損なわれてしまいます。たとえば、厳罰を受けたあと、子イヌはもう跳びつかないかもしれませんが、同時にあなたを嫌いになっており、あなたのそばに来るのが嫌になってしまっています。前回「こんにちは」と言おうと跳びついた時、あなたにこっぴどい目に遭わされたのですから。つまり、あなたは個々の対決には勝ったのに、戦争自体には負けてし

まったようなものです。そして、子イヌは跳びつかなくなりはしましたが、あなたは親友を失ってしまったのです。悲しいことに、トレーニングが敵対的で不快なものになってしまったのです。なぜ親友を仇敵のように扱ったりするのですか？

> **罰に関しては否定しがたい2つの事実があります**
> 1. イヌの不適切な行動に対して罰を与えるのは、あなたがまだイヌにどうふるまうべきかを効果的に教えきれていないことを宣伝するようなものです。
> 2. たいていの場合、イヌは罰とトレーナーおよびトレーニングを関連付けてしまい、当然それにより、トレーナーもトレーニングも嫌うようになります。

お願いですから、厳しく罰しなければと感じるようなことがあったら、ぜひもっと効率が良く効果的で、イヌにもやさしいルアー／ごほうびトレーニング法を使うトレーナーに助けを求めてください。最も優秀なオビーディエンス競技犬・アジリティ犬・サーチ＆レスキュー犬・爆発物探知犬・盲導犬・聴導犬・介助犬・防御犬などは、皆ごほうびを与える動機づけの方法で訓練されており、叱ることは、あったとしても非常にまれです。もうそろそろ飼い犬にも同じしつけ方法を採用すべき時期ではないでしょうか。

4章：学習の期限 その4

　ごほうびトレーニングのテクニックを効果的に使えば、罰が必要になることはめったにありません。しかし、しつけに不慣れな人は腕に自信がないため、どうしても頻繁に叱ったり罰したくなってしまうようです。たとえ罰を与えるにしても、子イヌに近づき、迫り、にらみつけ、つかみかかり、揺さぶり、怒鳴り、叫び、怖がらせ、傷つけるといったことは、全く必要がありません。

　トレーニング中によくある子イヌの失敗に対しては、指導的に叱るだけで十分過ぎるくらいです。たとえば、「外へ！」「噛むおもちゃ！」「オスワリ！」「じっとして！」「急げ！」などです。声の調子を少し上げ、声色（こわいろ）を少し変えるだけで緊急性は伝わりますし、どのケースでも一語の指示だけで、子イヌは自分がどうしたらいいのかわかります。

　もっと深刻な違反行為の場合にも、厳罰は必要ありません。実は、ごほうびトレーニングゲームを楽しんでいると、どんな場合も一番よく効く罰は「退場」です。これは短いタイムアウトで、トレーニングゲームが終わってしまい、ごほうびももらえず、飼い主もどこかに行ってしまうのです。落ちついて

静かな声で、イヌに部屋の外へ出て行くよう指示します。「ローバー、外に出て！」と。退場はほんの1-2分で十分です。1-2分したら、必ずイヌにおとなしく近寄らせてオスワリとフセをして謝らせ、仲直りをします。退場（トレーニングを停止すること）があなたの与える一番厳しい罰になったら、あなたはイヌのしつけの聖杯を手にしたことになります！

　タイムアウトをしている間、あなたがトリーツの入ったビンを楽しそうにガシャガシャ振って見せたら、退場はさらに効果的になります。私の飼っているイヌの1頭がタイムアウトの罰を受けている間、私はいつもこれ見よがしに楽しげに他のイヌたちとトレーニングをしてみせ、特に「悪いイヌの分のトリーツ」をたっぷりやってしまうことにしています。「いい子だね、オッソ！　悪いイヌのフェニーの分のフリーズドライ・レバーを1個あげちゃおうかな」なんて言うと、我が家ではすごく効きます。ある時、フェニックスが私を無視しているのに腹が立ち、居間から退場させてタイムアウトを取っている間に、私はフリーズドライ・レバーを自分で食べるふりをしてみせました。「うぅ〜ん！　うまい、うまい、

フェニーのレバー！」。すると、あとでフェニーを居間に入れてやった時、フセをして約30分もじっと私に釘付けになっていました。

　退場の命令は戸口をはっきり示しながらやさしく小声で言うことにすれば、あなた自身の怒りや感情をコントロールすることもできます。初めの何回かは、子イヌをシッシッと追いはらって戸口から出す必要があるかもしれませんが、すぐに子イヌは命令に従ってさっさと出て行くようになるはずです。それに加えて、ほんの数回退場させるだけで、やさしく小声で言う「外に出て」の命令は条件罰になって、直ちに子イヌの行動に劇的な効果をもたらします。しつけのこの段階では、「外に出て」の命令は非常に効果的な警告になります。「ローバー、もっと集中して言うことを聞いてくれる？　それとも外に出たい？」とやさしく尋ねてみて、子イヌがどういう反応をするか見てみましょう。おそらく間違いなく、子イヌは直ちに行いを正すでしょう。そうしたら、子イヌに静かにフセをするように言い、足元にいさせましょう。言うことを聞かないなら、できる限りのやさしい小声で「外に出て」と言って、戸口のほ

うをはっきり示しましょう。

　退場させられると、たいていのイヌはいやいや出て行って、戸口のすぐ外で家の中をのぞきこんでいるものです。しかし、しつけの経験が浅い幼い子イヌの場合は、子イヌがいけないことをしたら、あなたのほうが出て行くようにしたほうがいいでしょう。そのためには、長時間居場所の制限をする場所で、子イヌと遊んだりトレーニングをしたりしておきます。

　そうすればタイムアウトの間あなたが出て行っても、子イヌは居場所を制限されており、それ以上悪いことをするチャンスはありません。タイムアウトの時間は1、2分で十分ですから、終わったらまた子イヌのいる場所に戻っていって、オイデ・オスワリ・フセを要求してあなたに敬意を示させ、仲直りしましょう。

襟首をつかむ

　イヌの咬傷事故の20%は、家族が子イヌの首筋や首輪をつかもうと近づいた時に起こります。まあ、

4章：学習の期限 その4

　そんなことは誰でも想像がつくでしょうが。明らかにイヌは、人に首輪をつかまれると悪いことが起きることが多いと学習しているのです。その結果、イヌはハンドシャイ*8になるか、「捕まえられるものなら捕まえてみな！」と逃げ回るか、防衛的反応を示すかします。首輪をつかまれそうになると身をかわして逃げるようなイヌを飼っていると、危険なことになる可能性があります。そのため、たとえばイヌが玄関から走り出そうとした時、あなたはイヌをつかまえられるかどうかを知っておく必要があります。

　子イヌが首輪をつかまれることを喜ぶように教えましょう。そのためには、第1に子イヌが人の手に対して否定的な連想をしないよう予防し、第2に子イヌに首輪をつかまれると必ず良いことが起きることを教えます。

1. 途中で中断せずに子イヌをずっと自由に遊ばせておいて、その後首輪をつかんで遊びの時間を終わらせてしまうと、当然子イヌはあなたに首輪に触られるのを嫌がるようになります。そうされたとたんに遊びの時間が終わってしまうか

らです。初めは家で、その後ドッグパークで、子イヌの首輪をつかんで、子イヌの遊びの時間を頻繁に中断するようにします。この際にはオスワリをさせ、ほめて1粒ドライフードを与えてから、もう一度遊びに行かせます。こうすることで、子イヌは首輪をつかまれても必ずしも遊びの時間が終わるわけではないと学習します。そうではなく、それはおやつをもらって飼い主からやさしい言葉をかけてもらえるタイムアウトの時間で、それが終わったらまた遊びの続きができると学習するのです。また、遊びを中断するたびに、子イヌにオスワリさせて首輪をつかむことができたら、そのごほうびとして遊びを再開してやることができます。

2. 子イヌの居場所を制限する時に首輪をつかんで引っ張っていったりしたら、居場所を制限されるのが嫌なため、子イヌは間違いなく首輪をつかまれることも嫌がるようになるでしょう。そうではなく、子イヌが居場所を制限されることを喜ぶように教えましょう。まず中が空洞の嚙むおもちゃをたくさん用意し、ドライフードを

4章：学習の期限 その4

詰めて子イヌの居場所を制限する場所に入れ、子イヌを外に残したまま戸を閉めてしまいます。すぐに子イヌは中に入れてくれとせがむでしょう。そうしたら、単に子イヌに「おうち（あるいはベッドかクレート）に入りなさい」または「プレイルーム（長時間居場所の制限をする場所）に入りなさい」と言って、戸を開けてやります。子イヌは喜んで中に駆け込み、噛むおもちゃをくわえておとなしくなります。

3. 何よりも、子イヌを呼んでおきながら、首輪をつかんで叱ったり罰したりは決して（絶対！）しないと子イヌに約束することです。一度でもそうしてしまうと、子イヌは呼ばれても来るのが絶対嫌になり、あなたに首輪をつかまれるのが大嫌いになってしまいます。そして子イヌが近寄ってきた後に罰してしまうと、次回からなかなか近づいて来なくなります。こうしてリコール[*9]が遅くなっていき、そのうちリコール自体しなくなってしまいます。その後も子イヌは間違いを繰り返すでしょうが、もうつかまえることはできません！ また、もしあなたが首輪

をつかんだ後に子イヌを罰したりすれば、子イヌはすぐにハンドシャイになり、逃げやすく、防衛的になります。

子イヌをハンドシャイにさせないためには、首輪をつかんでからドライフードを1粒与えるようにします。これを1日に何回も繰り返して行い、そのたびに徐々に前より速く首輪をつかむようにしていきます。子イヌはすぐに首輪をつかまれるのに対して非常に肯定的な連想を働かせるようになり、うまくするとつかまれるのが楽しみになるかもしれません。

子イヌがすでにほんの少しでもハンドシャイになってしまっていたら、もう絶対に首輪をつかんではいけません。その代わりに、子イヌが触られても気にしない部位、または実際に触られると喜ぶ部位に手を伸ばしてハンドリングする練習をします。そして、触る部位を少しずつ首輪のほうに近づけていきます。ドライフードをトレーニング・トリーツとして使い、まずはトリーツを与えることでゲームが始まっていることを伝えます。「おっ！　何かいいことがありそうだぞ」とイヌは思います。そうしたら、イヌの尾の先にちょっと触れ、すぐさま「ごめんね」

4章：学習の期限 その4

とトリーツを与えます。「ごめんね？　とんでもない」とイヌは思います。尾の先端を触ることができたなら、きっと先から2-3センチほど奥のところも触れるでしょう。触らせてくれたらまたトリーツを与え、今度は先から5センチ、7センチ、8センチというように徐々に離れたところを触るようにします。これを繰り返しながら、次第に首輪のほうへ手を近づけていきます。こうなると時間の問題で、いつかはイヌを怒らせずに首輪に触れ、ハンドリングができるようになります。イヌの首輪に触れる時、初めの何回かはフリーズドライ・レバーを1-2個与えるようにします。

　この段階的脱感作の秘訣は、ゆっくり行うことです。イヌが少しでも怖がったり、居心地が悪そうなそぶりをしていたら、また1から始めましょう（この場合、尾の先端から）。今度はもっとゆっくり行います。

よく使われる子イヌを社会化させない言い訳

「私にはいいイヌだもん」

そりゃよかったですね！　確かに子イヌの社会化の第1段階は、家族に完全に友好的になることです。しかし、子イヌが友だちや隣人やお客さんや見知らぬ人など、誰にでも愛想良くなり、獣医師に調べられたり、子どもにふざけてつかまれたり抱きしめられても抵抗しないようにすることが緊急課題なのです。

「うちは大家族だから、うちの子イヌは十分過ぎるほど社会化されてるよ」

それは間違いです！　成犬になって見知らぬ人を受け入れられるには、子イヌは毎日少なくとも3人の見知らぬ人と会う必要があります。繰り返し同じ人に会わせてもうまくいきません。

「子イヌを社会化させるのを手伝ってくれる友だちなんていないんですが」

いやいや、すぐにできますよ。子イヌを社会化さ

せることで、あなたの社交生活にすばらしい変化が起こります。近所の人を招いて子イヌに会ってもらいましょう。会社の同僚にも来てもらいましょう。お住まいの地域のしつけ教室をチェックして、参加している子イヌの飼い主も何人か呼んできましょう。こうした飼い主の人たちは、あなたが直面しそうになっている問題を十分に認識しているはずです。

　人を家に招いて子イヌに会ってもらうのがどうしても無理なら、子イヌを安全な場所へ連れて行って人に会わせましょう。子イヌが生後3ヶ月齢になり予防接種が完了するまでは、予防接種が終わっていない成犬がうろうろしていたような公共の場所の地面に子イヌを下ろしてはいけません。やわらかい素材でできたキャリーバッグを買って、あなたが銀行・書店・金物店などに用事の際には、子イヌをキャリーバッグに入れて連れて行きましょう。子イヌを仕事場へ連れて行けるかどうかも検討してみましょう。後には、子イヌを連れてしつけ教室やドッグパークに行ったり、近所まで散歩に行けるようになります。しかし、子イヌは今すぐにたくさんの人と会う必要があるのです！　そういうわけで、何をするにして

も、子イヌを隠しておくことだけはいけません。

「私のイヌには知らない人からトリーツを受け取るようになってほしくないから」

　ひょっとして誰かがあなたのイヌを毒殺するのではないかと心配していらっしゃいますか？　イヌが毒殺されるのは裏庭にひとりぼっちで放っておかれている時に決まっています（排泄のしつけができておらず、室内に置いておけないため裏庭に追いやられた）。でなければ、自由に放されて好き勝手にうろつき回っている時です。決して、イヌ嫌いの見知らぬ人にまで子イヌと交流させようとしているわけではありませんよ。あなたが呼んでくるのは家族の適当な人、隣人、そして友だちです。どの子イヌも、まず「（子イヌの名前）、取りなさい」と命令されないかぎりは、誰の手にあるもの（食べ物を含む）も絶対取ったり触れたりしてはいけないと学ばなければなりません。この基本マナーを学習していれば、あなたのイヌは自分の名前を知っている人で、しかも「（子イヌの名前）、取りなさい」という正しい命令を知っている人、つまり家族や友だちからしか食

4章：学習の期限 その4

べ物を受けつけないようになります。

「私のイヌには見知らぬ人を好きになってほしくないわ。私を守ってほしいの」

　まあ、そんなこと言わないでくださいよ……かかりつけの獣医師やお子さんの友だちの親にそんなこと言えますか？　それに、もし本当にご自分のイヌに護身役をさせたいのであれば、それは全く別の話です。とにかく社会化不足のイヌに、誰を守り、誰に対して防御し、どのように守るかの判断をゆだねてしまうことは絶対やめてください。よい番犬は、よく社会化され完全に自信を身につけており、さらに、いつ、どのように、誰を守るかを慎重に教えられています。

　命令で吠えたりうなったりするようあなたのイヌをトレーニングすれば、防衛的抑止力としては十分過ぎるくらいです。イヌには特定の状況で吠えるように教えたらいいでしょう。たとえば、誰かがあなたの家の敷地に入ってきたり、あなたの車に手を出したりした時です。単純に誰かが家の前や車の横を通りかかっただけなら吠えないイヌであれば、警戒

して吠えることを学習すれば、とても有能な番犬になります。またその代わりに、「じっとして」とか「いい子にして」と命令されたら吠えるようイヌに教えておくのも得策です。「いい子にして！　いい子にして！」と命令すればするほど、イヌはそれに従って跳びつき、吠えます。これを見た侵入者は、ここの飼い主はイヌのコントロールもできないのかと考えて、あきれて逃げていくでしょう。

「私にはそんな時間ないんです」
　それじゃあ、そんな時間のある人に子イヌを引き取ってもらいなさい！　誰かやる気のある人が時間を割いて社会化させれば、まだこの子イヌを救える可能性があるのです。

「アルファー・ロールオーバーをして子イヌを支配し、私に敬意を払わせなければいけない」
　そんな必要は必ずしもありません。いや、全くないのです。子イヌを物理的に力づくで支配しても、子イヌの尊敬は得られません。あなたの命令には従うかもしれませんが、それは、怖いからいやいや従

4章：学習の期限 その4

うまでで、断じてあなたを尊敬してはいません。おそらく子イヌはあなたを恨むようになる可能性が高いでしょう。

　それに、イヌに敬意を示させるもっと簡単で楽しい方法があります。ずいぶん昔、あるしつけ教室に、若い夫婦がクリスティンという4歳の娘とパンザーというロットワイラーを連れて来ていたのを思い出します。教室では、クリスティンは両親よりもずっと上手にイヌをしつけることができ、いつでもパンザーにオイデ・オスワリ・フセ・ロールオーバーをさせられました。パンザーが横向けに寝転がっている時、クリスティンがお腹をなでてやると、パンザーは後肢(こうし)を上げてお腹を見せました。クリスティンはパンザーに小さな甲高い声で話しかけました。クリスティンが甲高い声でしゃべると、パンザーは言われたことをしました。つまり、クリスティンが要求し、パンザーが合意したとも言えます。あるいは、クリスティンが命令すると、パンザーは従ったとも言えます。いずれにしても、ここで重要なことは、パンザーが喜んで自分から従ったということです。そして、子どもがイヌをしつける場合、唯一安全か

つ意味がある従い方は、イヌが喜んで従うことなのです。

　この場合、クリスティンはパンザーを支配していたのでしょうか。ええ、それはもう！　しかし、暴力よりももっと効果的な方法によってです。パンザーの行動をコントロールするには、クリスティンは腕力ではなく、子どもなりに頭を使わなければなりませんでした。こうして、クリスティンはパンザーの意思を精神的に支配したのです。

　クリスティンのトレーニングによって、パンザーに敬意と友情が芽生えました。パンザーは彼女の願いを聞き入れました。また、リードをつけていない時でもすぐに近づいていくことにより、パンザーはクリスティンが好きだと態度で示しました。またオスワリとフセをすることにより、パンザーはクリスティンが大好きでそばにいたいことを示しました。ロールオーバーをすることで、パンザーはクリスティンのご機嫌をとろうとしました。また、肢(あし)を上げて鼠蹊部(そけいぶ)を見せることで、パンザーは服従を示したのです。イヌ語では鼠蹊部を見せることは「僕は取るに足らない虫けらです。あなたの優位性を尊重し

ますから、ぜひ友だちになってください。」という意味です。

　もし子イヌに敬意を払ってもらいたいのなら、ルアー／ごほうびトレーニングでオイデ・オスワリ・フセ・ロールオーバーをさせましょう。子イヌに服従させたいのであれば、あなたの手をなめるか、オテをするよう教えましょう。なめることとポーイング（前肢で空（くう）を掻くようなしぐさ）はどちらも相手をたてる行為で、お友だちになりたいという印です。あなたが子イヌにイヌ流のやり方で服従させたいのなら、イヌが横たわっている時に陰嚢（いんのう）をくすぐります。そうすると、イヌは後肢を上げて鼠蹊部をあらわにするでしょう。

「この犬種は特に扱いが難しいんだ」

　この言い訳でハンドリング、ジェントリング、社会化をあきらめてしまうなんて、あまりにおろかです。あなたがいろいろな犬種を研究した結果、その犬種が本当に扱いにくいとわかったなら、社会化とハンドリングのレッスンを通常の2倍も3倍も行い、

学習の期限がかかわることを全て前倒しにして、どのレッスンも一足早く始めましょう。しかし不思議なことに、私は前述の言い訳をほとんど全犬種について聞いたことがあります。あなたの選んだ犬種がどうしても自分の手におえないと確信したら、直ちに助けを求めましょう。子イヌの気質に修復できない傷を残す前に、トレーナーに子イヌの扱い方をよく教えてもらってください。

「私の配偶者・パートナー・親・子ども・同居人が同腹の兄弟*10の中で一番支配的なイヌを選んでしまったんです」

　家族全員がどの子イヌにするか完全に同意しなければならないという鉄則を覚えていなかったのですか？　まあ、今となってはもう遅いので、以前にご説明したことをもう一度助言しましょう。難しい子イヌを選んでしまったらしいと気づいたら、すぐに社会化とハンドリングのレッスンを通常の2倍も3倍も行い、どのレッスンも一足早く開始してください。それに加えて、あなたの配偶者・パートナー・親・子ども・同居人をどのようにしつけたらいいかも考

えるべきかもしれません。

「うちの子イヌはどこか遺伝的におかしいところがあるようです」

　これにも前と同じ助言が当てはまります。子イヌに何か生まれもった問題があると感じたら、すぐに社会化とハンドリングのレッスンを一足早く開始して、通常の2倍も3倍も行ってください。

　よい遺伝的要素を選択するにはもう遅過ぎます。まあ、いずれにしても、できることといっても限られているでしょう。イヌの遺伝子をひねってでもみますか？　血統・支配性[*11]・遺伝的要素などを言い訳にして、だからこの子イヌは社会化もトレーニングも無理なのだとあきらめてしまう人がとても多くいます。しかし、現実には子イヌを唯一救えるのは、社会化とトレーニングなのです。子イヌには社会化とトレーニングが必要なのです。それもたくさん！しかも今すぐです！

　犬種や血統とはかかわりなく、また子イヌがあなたの家に来るまでにどれだけ社会化され、トレーニングを受けたかはさておき、今この時点から、子イ

ヌの気質、行動、またはマナーが変わるとしたら、それは全てあなたがどのように子イヌを社会化させトレーニングするかにかかっています。子イヌと一緒にがんばってみましょう。そうすればきっともっといいイヌになります。そうしなければ、もっと悪いイヌになるだけです。子イヌの将来はあなた次第なのです。

「この子はまだ子イヌなんだから！」「きゃぁー、かわいいー！」「この子は遊んでるだけだよ！」「大きくなればそのうちやめるさ」

　確かに子イヌは遊んでいるだけです。吠え遊び、うなり遊び・咬みつき遊び・ケンカ遊び・骨取り遊び・引っ張りっこ遊びをして。しかしそれを笑って見ていると、子イヌはこうした攻撃ゲームをしながら大きくなり、すぐに成犬になってしまいます。そうなるともう遊びどころではなくなります。

　子イヌにとって遊ぶことはこの上なく大切です。イヌのさまざまな行動が社会的に適正であるかを子イヌが学習するために、遊びは絶対不可欠です。具体的には、個々の状況において、ある行動をするこ

4章：学習の期限 その4

とが適切か不適切かといったことを学ぶ必要があります。ある意味では、子イヌは遊ぶことでどういうことなら叱られないかを学ぶことができます。あなたがすべきことは、子イヌにゲームのルールを教えることです。幼犬期にたくさんのルールを学ぶほど、成犬になってから安全なイヌになります。

あなたの好きな時に子イヌを静かにさせることができさえすれば、子イヌが吠えたりうなったりするのは全く正常なことで、問題はありません。生後8週齢の子イヌなら、吠えたりうなったりするのを止めさせるのはかなり簡単です。あなたのほうが落ちつけば、子イヌも簡単に落ちつけるようになります。「シィーッ！」と言って、トリーツを子イヌの鼻先で振ります。静かになったら、「いい子だ」と言ってトリーツを与えます。これと同様、引っ張りっこゲームも、子イヌの方からゲームをしかけさせないで、どんな時もあなたが子イヌに物を手放させてオスワリさせることができさえすれば、正常で問題のないゲームです。そして、この2つはどちらも生後8週齢の子イヌになら簡単に教えられるルールです。引っ張りっこゲームをしている時は、少なくとも1分に1

回は子イヌに物を放してオスワリするように言います。あなたは何度も引っ張るのをやめて「ありがとう」と言い、子イヌの鼻先でトリーツを振ります。子イヌがトリーツの匂いを嗅ごうと物を放したら、子イヌをほめてオスワリをさせます。子イヌがオスワリをしたら、たくさんほめてやりトリーツを与えて、もう一度ゲームに戻りましょう。

　本書の後のほうでは物を守るゲーム、咬みつき遊び、ケンカ遊びについて、ガイドラインを挙げて説明しています。

合図で吠える・うなる

　子イヌはトレーニングをすれば簡単に命令で吠えたりうなったりできるようになり、これには便利な利用法がたくさんあります。「吠えろ！」（または「じっとして！」）と言い、誰かにドアベルを鳴らしてもらって、子イヌを刺激して吠えさせます。これを何回か繰り返して行うと、あなたが「吠えろ！」と言っただけで、子イヌはドアベルが鳴るのを予期

4章：学習の期限 その4

して吠えるようになります。これと同様、子イヌに命令したらうなるよう教えることもできます。引っ張りっこゲームをしている時、子イヌにうなって一所懸命おもちゃを引っ張るように言います。子イヌがうなったら、熱心にほめてやって、今度は「シィーッ！」と言ってあなたが引っ張るのをやめ、トリーツの匂いを子イヌに嗅がせます。子イヌがうなるのをやめたら、やさしくほめてやり、トリーツを与えます。

　子イヌに合図で吠えたりうなったりするよう教えると、「シィーッ！」を教えるのも楽になります。子イヌが興奮して我を忘れている時（誰かが玄関に来た時）や怖がっている時（見知らぬ人が近づいてきた時）に子イヌを静かにさせようとするのではなく、あなたの都合のいい時（「吠えろ！」の要求をしている時）に「シィーッ！」の練習ができるようになるからです。子イヌが完璧にマスターするまで「吠えろ！」と「シィーッ！」を交互にやりましょう。すぐに子イヌは「吠えろ！」や「うなれ！」の命令に従っている時「シィーッ！」と言われると、静かにできるようになります。こうなれば、イヌが

興奮したり怖がっている時でもあなたに「シィーッ!」と言われれば、理解できるようになっています。

イヌに命令で吠えたりうなったりするようトレーニングしていると、イヌにも飼い主にも自信がついてきます。合図で吠えたりうなったりできるようにすれば、「シィーッ!」を教えるのもやりやすくなります。

　騒がしいイヌは、おとなしいイヌより人をおびえさせることが多いものです。繰り返し吠えて逆上するイヌの場合は、特にそうです。念入りに「シィーッ!」をしつけておきさえすれば、「シィーッ!」と言うだけですぐにイヌは静かに落ちつき、お客さん、また特に子どもにとっても怖くなくなります。

　「シィーッ!」というのは、子イヌのためにも当

然教えるべきことです。誰からも命令で静かにすることを教えてもらわなかったために、吠えたりうなったりして何度も叱られたり罰せられてしまうイヌは、本当にたくさんいますから。かわいそうに、成犬の多くは単に興奮したり、何かに熱中したり、退屈したりして吠えているだけなのです。あるいは、子イヌの頃あなたとしたゲームをまたやろうと、誘うつもりで吠えたりうなったりしているのかもしれません。

あいまいで、とってつけたような言い訳

「この子は知らない人にはなかなかうちとけないのよ！」「この子は子どもが大好きと言うわけじゃないの！」「この子はちょっとハンドシャイなんだ！」

そのイヌが見知らぬ人や子どもがいるとストレスを感じたり、人の手を怖がることを知りながら一緒に暮らすなんて、よくできますね。かわいそうに、イヌはものすごく不安な状態でいるはずです。「僕は見知らぬ人や子どもがいると落ちつけないんだ。」「首輪をつかまれるのが嫌なんだ。」ということを、このイヌは何度あなたに訴え、哀願し、警告したらわかってもらえるのでしょう？　これでは事故が起きるのを待っているようなものです。もし見慣れない子どもがイヌの首輪を触ろうとしてきて、それがイヌの食器の近くだったら、しかもイヌはその日嫌なことばかりで、機嫌が良くなかったとしたら？　きっとイヌは咬みついてしまうでしょう。このイヌは全く予告もなく、理由もなしに咬みついたと言えますか？　いや、このかわいそうなイヌには最もな理由が5つはあったのです。①見知らぬ人、②子ども、③首輪に手をかけられた、④自分の食器に近づかれた、⑤機嫌が悪い時に。しかもこのイヌはこれまで家族にずっと警告を発し続けてきていたのですから。

何か子イヌの気に障るものがあったら、その特定の刺激やシナリオに対して直ちに脱感作させましょう。子イヌに自信をつけさせてやって、日常起こることでいちいちストレスを感じたり、恐れたりすることなく対処していけるようにするわけです。自信をつけさせるのに必要なレッスンはすべて説明した通りです。さあ、やってみてください！

3. 大事なものを守る

　物を守ることは家庭犬によくある問題で、飼い主がそのままにしておくと幼犬期を通じて発達していきます。自分の青年期のイヌの所有欲がだんだん強くなり、物を守るようになってくるのを、飼い主は見過ごしてしまうことがあります。子イヌが物を守ろうとするのをかわいいと思って、実際には助長してしまう飼い主もいます。

　子イヌが自分の物を守るのは自然なことです。野生においては、オオカミはお隣の家に行って「骨を1カップ貸していただけないかしら？」なんて言いません。家庭犬も、何かがなくなってしまえばそれっきりだとすぐに学習します。ですから、イヌが人から自分の物を守ろうとしても、全く驚くにはおよびません。

　雌イヌは雄イヌよりも物を防御する強い習性があります。家庭犬のグループでは、かなり劣位の雌イヌが比較的優位の雄イヌから骨を守り通すことはよくあることです。実は、"雌イヌによる雄イヌ階層

規則修正条項"第1条は「持ってるのはあたし、あんたじゃない！」です。一方、雄イヌの場合、物を守ることほど不安と自信のなさをよくあらわすものはありません。物を守りたがる行動は、中位の自信のない雄イヌによく見られるものです。これは断じて「トップドッグ（最優位のイヌ）の行動」ではありません。実際、真のトップドッグは自分の地位に自信を持っているため、通常、骨やおもちゃや食器を自分より劣位のイヌと平気で共有します。

　あなたが子イヌから食器やおもちゃを取り上げ、返さないままにすることがよくあると、子イヌは物を渡してしまうと、もう二度と戻ってこないと学習してしまうでしょう。そうすると、当然子イヌはあなたから物を守ろうとする行動に出ます。物をくわえて逃げて隠れたり、顎（あご）でしっかり押さえこんだり、うなったり、歯をむき出したり、空咬（からが）みすることがあるかもしれません。

　子イヌが何か物を守ろうとした時に、あなたは何もできず、どうしたらいいか困ってしまうのなら、直ちにペットドッグトレーナーに助けを求めてください。この問題はすぐに手におえなくなり、あなた

4章：学習の期限 その4

のイヌは成犬になっても、いつもあなたに我慢を強いるようになります。大事なモノを守ろうとする成犬を矯正するのは難しく、時間もかかり危険でもあります。ですから、経験豊かなトレーナーや行動カウンセラーの助けが必ず必要です。それに比べて、幼犬期に予防をするのは簡単で安全なのです。

　まずあなたの子イヌに噛むおもちゃで噛む癖をしっかりつけさせてください。子イヌがいつも噛むおもちゃで遊びたがるようになれば、不適切なモノを探し出してあなたに取り上げられてしまうこともないでしょう。そして、要求されたら自分から噛むおもちゃを差し出すよう子イヌに教えることです。

　基本的に子イヌには、自分からモノを手放してもそれが永久になくなってしまうわけではないと教えなくてはなりません。子イヌは骨、おもちゃ、ティッシュペーパーなどを手放すと、代わりにもっといいモノがもらえること、つまりほめられてトリーツがもらえ、初めに手放したモノも後で返してもらえるということを学習する必要があるのです。

大切なものをトリーツと交換する

　まず初めは、丸めた新聞紙やロープをつけたコングのように、あなたと子イヌが同時につかめるものを使います。この所有ゲームでは体の接触がとても大切です。あなたがずっとモノをつかんでいたら、子イヌがそれを守ろうとする可能性は低くなります。しかし、手を放してしまうとすぐに、子イヌがそのモノを守ろうとする可能性は高まります。

　先ほど練習したように、子イヌに「オフ！」と言い、それから「取れ！」と言います。子イヌのマズルのすぐ前で誘うようにモノを揺らします。子イヌがつかんだらほめてやります。しかし、まだモノを手放してはいけません。「ありがとう」と言ってモノを揺らすのをやめれば、子イヌも引っ張るのをやめます。そうしたら、もう片方の手でとてもおいしいトリーツ（フリーズドライ・レバー）を子イヌの鼻先で振ります。それにつられて子イヌが口を開けたら、モノを取り返して、すぐに子イヌをほめてやります。トリーツを1つ、2つ、3つと与える間（できたらルアーで子イヌにオスワリかフセをさせて）、

4章：学習の期限 その4

子イヌをほめ続けます。それから、子イヌにもう一度モノを「取れ」と指示し、同じ手順を繰り返します。子イヌが5回続けて命令に従い、すばやくモノを手放せたら、あなたはモノを毎回手放して与えるようにしてもかまいません。では次に、もっと小さなモノ、たとえばロープのついていないコング、テ

「オフ（放せ）！」と「取れ」は、子イヌにドライフードを手から与えながら簡単に教えられます。「取れ」と言って、ドライフードを1粒手から与えます。これをあと3回繰り返してください。それから「オフ！」と言って、フードをしっかり手に握って差し出します。好きなだけ子イヌに、あなたの手の前でどうしようかと悩ませておきましょう。子イヌは前足をあなたの手にかけたり、マウズィング*12をしたりするはずです（もちろん、子イヌが痛いほど咬んだら、「痛いっ！」と叫びます。その際はタイムアウトを取って、30秒間子イヌを無視します。それから子イヌにオイデ・オスワリ・フセをさせて、またレッスンを続けます）。そのうち子イヌは一時的にあきらめてマズルを引っ込めます。子イヌがあなたの手から離れたら、「取れ！」と言って手を広げ、手のひらから子イヌにフードを取らせてやります。この一連の動作を何度も繰り返して行い、そのたびに子イヌがあなたの手から離れてからあなたがフードを「取れ」と指示するまでの時間を長くしていってください。子イヌが手から離れている時「いい子だ」とほめながら数を数えるとうまくいくでしょう。たとえば「いい子だワン、いい子だツー、いい子だスリー……」などというように。子イヌが学習して「いい子だテン」まであなたの手から離れていられるようになったら、ドライフードを2本の指でつまんで見せて「オフ！」や「取れ！」を指示するようにします。最終的には「オフ！」と言って、いったん床にフードを置き、もう一度拾い上げてから「取れ！」と言うようにします。

ニスボール、ビスケットボール*13、消毒した骨などのおもちゃを使って練習をしましょう。子イヌが喜んですばやく取るようになったら、モノを落としたり放り投げるだけにして、「ありがとう」と言います。ほら、あなたの子イヌはとっても忠実なイヌになりました！

「オフ！」を教えると、いろいろ応用がきいて便利です。

「モッテコイ」はとても楽しく良いレッスンになります。これにはなくした鍵を探すとか、スリッパを持ってくるとか、イヌ用おもちゃを片付けるなど、無数の応用方法があります。子イヌはモッテコイが大好きで、すぐに自信を持ってモノを手放せるようになります。子イヌはこれをすばらしい取引だと思うからです。

子イヌが一時的におもちゃとトリーツを交換し、トリーツを喜んで食べている間、飼い主は安全にそのおもちゃを持っていられます。それから後で子イヌはおもちゃを返してもらえ、それと交換にトリーツをもらえます。

実は、子イヌによってはモノを差し出すのが本当に楽しく、もらってくれとせがんで飼い主を困らせることがあるくらいです。もし子イヌがいらないモノをあまりにもたくさんくれるようになったら、「ベッドに持って行きなさい」と言えばいいのです。実は、このやり方は子イヌに自分のおもちゃを片付けるように教える最高の方法です。

子イヌにモッテコイを教えることで、おもちゃのように本質的な価値を持っているモノが、ほめ言葉やごほうびと交換できる引換券としての付加価値を持つようになります。ですから、子イヌと「モッテコイ遊び」をすると、子イヌのおもちゃに付加価値を与えることができるわけです。たとえば、トレーニング用ルアーやごほうびとしての効果をさらに高めたり、子イヌが退屈している時、不適切な家財ではなく、自分のおもちゃを探してきて遊ぶ可能性を高めることもできます。

このレッスンがうまくできるようになったら、コングや消毒した骨にトリーツを詰めることにより、そのモノの本質的な価値を高めます。子イヌが生後10週齢になるまでに、肉のいっぱいついた骨や食器を使って自信をつけさせるレッスンをたくさん行う必要があります。子イヌがもう生後10週齢になっていても、こうしたレッスンの際には誰かに助手になってもらうことをお勧めします。肉のいっぱいついた骨の片方の端に丈夫な紐を結わえつけます。子イヌがうなったら、助手の人に紐を引っ張って骨を取り上げてもらい、プラスチックのゴミバケツで骨を覆い隠してもらいます。プラスチックのバケツは子イヌが食器のレッスン中にふざけた時に食器を隠すのにも使えます。

　子イヌがうなったからといって叱るのは時間のむだですからやめましょう。その代わりに、子イヌがうなるのをやめたらすぐに必ずほめてごほうびを与えます。そして、子イヌがうなったら必ず即座に骨や食器を取り上げてしまいます。初めのうちはフードを取り上げられてしまうと、たいていの子イヌは吠えます。しかしこれは別に悪いイヌだからではありません。ごく正常なイヌです。うなるのはとても

自然なことですから。しかし、子イヌはうなっても効果がないことを学ばなくてはなりません。そうでなければ、この行動はエスカレートし、青年期まで持ち越してしまうことになります。子イヌに自信がついてくると、主人は自分のフードを盗む気などさらさらないのだから、別にうならなくてもいいということを学ぶでしょう。そして、子イヌがうなるのをやめたらほめてやり、後ろへ下がってオスワリとフセをさせ、取り上げたモノを返してやり、それから同じ手順をまた繰り返します。

　もし「物／食べ物を守るレッスン」で問題に突き当たったら、直ちに助けを求めましょう。子イヌが生後3ヶ月齢になるまでそのままにしていてはいけません。

子イヌがひとりで邪魔されずに骨を噛んでいたら、物を守るようになり、防衛的になってしまうことがあります。ですから、あなたが子イヌから自由に骨を取り上げられるようになるまでは、決して子イヌに骨をひとり占めさせてはいけません。その代わり、前と同じように「オフ！」「取れ！」と言い、今回は子イヌが骨を噛んでいる間ずっと骨を放さないようにします。時々「ありがとう！」と言って、子イヌの鼻先でとてもおいしいトリーツを揺らしながら、骨を取り上げます。子イヌがトリーツを食べている間ずっと骨をつかんでおき、子イヌが食べ終わったらオスワリとフセをさせ、また同じ手順を何度も繰り返します。

食器

　昔のイヌのしつけの本には、イヌの食事中はそばに近寄ってはいけないと助言しているものが多く見られます。確かに信頼のできる成犬にひとりで食事をさせてやるのは理にかなった助言かもしれませんが、しつけのできていない子イヌまでひとりで食事をさせるべきだということではありません。子イヌがひとりで食事をするのに慣れて育つと、成犬になった時、食事時間に邪魔されるのを嫌がるようになることがあります。いつかは誰かがこのイヌの食事中に邪魔をすることになり、するとイヌはうなる、歯をむき出す、空咬みする、跳びつく、ひょっとし

たら咬みつくなど、イヌに典型的な食べ物を守ろうとする行動で反応するでしょう。

　イヌの食事中は邪魔しないようにと、周りの人には必ず言っておきましょう。しかしまず、子イヌが食器の近くで信頼できる行動を取れるかどうか確認しておくことです。子イヌには食器の近くに人が来るのを我慢するだけではなく、食事時間の来客を大歓迎するように教えます。

　そのためには、子イヌがドライフードを食べている間、ずっと食器をつかんでおきます。そしておいしいトリーツを与え、子イヌをハンドリングします。そうすれば、子イヌは人がいる時のほうが夕食が楽しいと学習するでしょう（なでてもらったりトリーツがもらえるので）。子イヌに食器からフードを食べさせ、おいしいトリーツを与え、子イヌがトリーツを喜んで食べている間、しばらく子イヌから食器を取り上げておきます。次に、トリーツを与える前に食器を取り上げてみます。そうすると子イヌは、おいしいトリーツをもらえるはずだと期待して、あなたに食器とフードを取り上げられるのをすぐに楽しみにするようになるでしょう。

子イヌがドライフードを食器から食べている時、さっと手を食器に突っ込んでおいしいトリーツを1つ与えます。子イヌが他にもトリーツが混ざっていないかドライフードをもう一度調べ、また食べ始めるまで待ちます。それからまた手を食器に突っ込んで、もう1つトリーツを与えます。これを何回か繰り返しましょう。子イヌはすぐに自分の食器の近くで急に人の手が出たり入ったりするのに慣れて、それを楽しみにするようになるでしょう。このレッスンをすると、子イヌはものすごく感動します。ちょうど手品師が人の頭の後ろから花、タマゴ、ハト、と次々にモノを取り出してみせるようなものだからです。

　子イヌが食べている間、あなたはそばに座っていて、家族や友だちには子イヌの近くを歩いてもらいましょう。誰かが近づいてくるたびにドライフードの上に缶詰のフードをひとすくいのせてやります。すると子イヌはすぐに人が近寄ってくることと、おいしい缶詰のフードをドライフードにかけてもらえることを関係づけるようになります。その後、家族や友だちに近づいてもらい、トリーツを子イヌの食器に投げ入れてもらいます。するとすぐに子イヌは

夕食時に人がまわりにいることも、人がくれるものも喜んで受け入れるようになるでしょう。

怠慢なウェイターの態度

　今までに、レストランでパンと水ばかり食べながら1時間も待たされ、まだ注文も取りに来てくれないという目に遭ったことがありますか？　「ウェイターは何してるの!?　早く来てちょうだいよ…」とじりじりしながら。実はこの怠慢なウェイターの態度をまねれば、子イヌも同じ反応をするのです。ほとんどの子イヌは、あなたに食器のところに近づいてきてほしいとせがむようになるでしょう。

　子イヌにオスワリをさせておき、カウンターの上で夕食用のドライフードを計量して、それから子イヌの食器を床に置きます。その後の子イヌの反応は見ものなので、写真を撮っておくといいでしょう。食器にはフードがたった1粒しか入っていないので、子イヌは信じられないという顔つきで食器を見つめるでしょう。そして子イヌは食器とあなたの顔を何度も見比べ、

そのたったひと粒をガリガリ食べ、空っぽになった食器の匂いを入念に嗅ぐでしょう。そうしたら、あなたは食器から離れて他のことをしてください。子イヌに夕食はおいしかったかどうか尋ねてみてもいいかもしれません。「お気に召しましたでしょうか。次のコースに移ってもよろしいですか？」などと言って。そして子イヌがもっとほしがっておねだりするまで待ちましょう。それから近づいていって、食器を拾い上げ、もう1粒だけフードを入れ、子イヌがオスワリをしたら、また食器を床に置いてやります。

　「コース」が1つ進むごとに子イヌの態度はだんだん落ちつき、マナーが良くなってくるでしょう。また、夕食を小さなコース何回にも分けて与えると、子イヌはあなたが近寄ってくるのを喜ぶようになります。

夕食の前にはイヌに必ずオスワリをさせましょう。

ティッシュペーパーの問題！

　しばらく前になりますが、ある生後1歳のイヌについて相談を受けたことがあります。このイヌは使用済みのティッシュペーパーを盗んで、「捕まえられるなら捕まえてみな！」と逃げ回り、飼い主をいらだたせていました。イヌはベッドの下にもぐりこみ、飼い主がほうきの柄でイヌをつつくと、手首に咬みついたのです。このケースを皮切りに、私は似たようなケースをいくつも取り扱ってきました。ティッシュペーパー泥棒が高じて飼い主もイヌもお互いの体を傷つけあうなんて、途方もなくおろかなことです。自分のイヌにティッシュペーパーを盗まれたくなければ、きちんと片付けておくことです。その一方で、イヌがティッシュペーパーにどうしてもひきつけられるようなら、これを利用してティッシュペーパーをトレーニングのルアーやごほうびにしてしまいましょう。または、1日1枚おもちゃとして与えてもいいでしょう。いずれにしても、ぜひともやってほしいのは、子イヌにトリーツと交換に、丸

めた新聞紙やトイレットペーパーやティッシュペーパーを手放すように教えることです。こうしておけば、子イヌに紙に対する所有欲が生じたり、つかんで放さないということはありません。

＊「この子は食器のまわりにいる時はちょっと気難しいんだ」

　こう言いながら、何もしようとしない飼い主が本当に多いのに驚かされます。どんなモノに対してであろうと、子イヌが少しでも所有欲を示したり、つかんで放そうとしなかったら、直ちに対処しましょう。それに必要な自信をつけさせるためのレッスンは全て説明した通りです。もし問題が自分の手におえなくなっていると思ったら、まだ子イヌのうちにすぐに助けを求めてください。

【訳注】
＊1　予防接種　immunization injections　通常、犬ジステンパー、犬パルボウィルス腸炎、犬レプトスピラ症、伝染性肝炎等の混合ワクチンを2回接種する。この予防接種により免疫ができてからでなければ、子イヌを公の場所に連れ出すべきではない。
＊2　ハンドリング　handling　人の手で動物を自由に触ったり、扱ったりすること、またその過程をいう。幼犬期に人にハンドリングされることで

4章：学習の期限 その4

人に対する怖がりを予防できる。
*3　マズル　muzzle　鼻先から額と鼻のつなぎ目のくぼみの部分までを指す。「口吻」とも言う。
*4　ロールオーバー　roll over　イヌに教える基本マナーの1つ。イヌに寝転がって1回転させたり、途中で止めて仰向けにさせたりする。これを教えておくと、獣医師やトリマーがイヌの体を調べる時に便利である。
*5　ルアー／ごほうびトレーニング　lure/reward training　1.要求(request) 2.ルアー（lure）3.反応（response）4.ごほうび(reward)の4つのことが連続して起こることで、イヌに人が指示する言葉の意味を理解させる方法。ごほうびが反応を強化する点でオペラント条件付けの例と言える。飼い犬のトレーニングにおいて、最も効率が良く効果的な方法とされる。イヌが人の言葉を学習した段階では、ルアーは必要がなくなる。また、次の段階では、食べ物のごほうびを、「ほめる」「散歩に行く」「ボールを投げて遊ぶ」というような生活の中のごほうびに代えていくことで、外的なごほうび（食べ物）は必要がなくなる。この段階では、イヌは内発的動機付けで反応しており、イヌにしてほしいことをイヌがしたがるように教えることができている。
*6　遊びのおじぎ　play bow　遊びをせがんだり、遊ぼうと合図する時、イヌは特徴的に空に舞い上がるように前足を上げ、その肘と胸骨を地面につけ、尻と尾を振りながら遊びのお辞儀をする。
*7　脱感作　desensitization　不安や恐怖を起こす刺激に対して過敏に反応しないようにするため、特定の刺激に徐々に慣らしていく。
*8　ハンドシャイ　handshy　イヌが人の手を怖がること。
*9　リコール　recall　「オイデ」とイヌを呼び戻す。
*10　同腹の兄弟　litter mate　一緒に生まれた兄弟。通常、子イヌは同腹の兄弟と咬みつき遊びをしながら「咬みつきの抑制」という大事な素地を身につける。
*11　支配性　dominance　飼い主がイヌより優位に立って支配することで、イヌに言うことを聞かせるという考え方。Dr.イアン・ダンバーの提唱するドッグフレンドリーなごほうび本位のしつけ方法とは対極の考え方。
*12　マウズィング　mouthing　子イヌが人の手をなめるように咬むこと。
*13　ビスケットボール　biscuit ball　Dr.イアン・ダンバーが考案した噛むおもちゃの1つ。

5章　　　　　　　　　　　　　　　　　AFTER:子イヌを飼ったあとに

学習の期限　その5　咬(か)みつきの抑(よく)制(せい)を学ぶ　〜生後4ヶ月半までに〜

AFTER

5章：学習の期限 その5

　子イヌが咬みつくのは全く当然のことです。これは、正常かつ自然であり、なくてはならない子イヌの行動です。咬みつき遊びによって子イヌは咬みつきの抑制と甘咬みを発達させます。子イヌが咬みついて、相手から適切な対応を受ければ受けるほど、安心できる成犬になります。一方、子イヌの時にマウズィングも咬みつきもしなかった子イヌのほうが、成犬になって咬みついた時相手に深刻な傷を負わせる可能性は高くなります。

　子イヌは咬みつきたがる習性があり、何度でも咬

みつき遊びをします。子イヌの歯は針のように鋭いため、咬まれると確かに痛いですが、顎の力が弱いため、大ケガになることはめったにありません。そこで、顎の力が相手にケガをさせるほど強くなる前に、発達中の子イヌは咬まれると痛いということを学ぶ必要があるのです。子イヌが人、他のイヌ、他の動物と咬みつき遊びをする機会が多いほど、成犬になってから確実に咬みつきを抑制できるようになります。他のイヌや動物と日常触れあう機会のないまま育った子イヌの場合は、飼い主が責任をもって咬みつきの抑制を教えなければなりません。

　今までに説明した子イヌの社会化とハンドリングのレッスンが全て完了すれば、子イヌは人を好きになっており、咬みつきたいとは思わなくなっているはずです。万一脅かされたり傷つけられたりしたことが原因で、空咬（からが）みしたり咬みついてしまったとしても、幼犬期にしっかり咬みつきの抑制を学んでいれば、傷を負わせても軽症ですむはずです。子イヌを社会化させ、起こりうる恐ろしいことすべてに準備させるのは難しいですが、子イヌのうちに咬みつきの抑制をしっかり発達させておくことは簡単で

す。

　腹を立てて咬みつくことがあっても、咬みつきの抑制が発達しているイヌは皮膚を咬み切ることはめったにありません。咬みついても傷つけることが全くないか、あってもごく軽症なら、行動の矯正は比較的簡単です。しかし、成犬になってから深い刺傷を負わせたような場合は、矯正は複雑で時間もかかり、危険な可能性もあります。

　咬みつきの抑制が発達していることは、間違いなくどんなコンパニオン・ドッグにも求められる一番重要な形質です。さらにイヌは幼犬期のうち、つまり生後4ヶ月齢になる前に咬みつきの抑制を発達させておかなくてはなりません。

確実な咬みつきの抑制

　咬みつきの抑制が十分できているといっても、空咬みしたり、跳びついたり、歯が触れたり、咬みついたりといったことを全くしないということではありません。確実な咬みつきの抑制というのは、イヌが空咬みしたり跳びついた時でも、歯が相手の皮膚に触れることはまれだということです。万一イヌの歯が相手の皮膚と接触するようなことがあっても、抑制された「咬みつき」なので、ケガをさせても大ケガにはなりません。

症例

あなたがどんなに努力して子イヌを社会化させ、子イヌが喜んで人と過ごし、人のする行為を楽しめるようになったとしても、往々にして予測しないことは起きてしまうものです。ここにいくつかそうした例を挙げておきます。

* 飼い主の友人が知らずに車のドアを閉め、イヌの尾をはさんでしまった。
* ハイヒールの女性が、寝ていたロットワイラーの肢(あし)を誤って踏んづけてしまった。
* 飼い主が自分のジャックラッセルの首輪をつかんだ。
* トリマーがウィートン・テリアのもつれた毛をすいていて引っ張ってしまった。
* 獣医師がバーニーズ・マウンテンドッグの肘の脱臼を治そうとした。
* お客さんがつまずいて、骨を噛んでいたエアデールのところへふっとんで、ぶつかった。
* 3歳の子ども(匿名希望)がスーパーマンのマン

5章：学習の期限 その5

トを着てコーヒーテーブルからジャンプし、眠っていたマラミュートの肋骨の上に着地した。

　ロットワイラーとバーニーズはどちらも叫び声をあげました。バーニーズは寝そべったままじっとしており、咬みつくことはありませんでした。これ以外のイヌは「ウ、ウウッ。」とうなり声を上げ、即座に振り向いて攻撃した相手にマズルを向けました。マラミュートは立ち上がって部屋を出て行きました。ロットワイラーとジャックラッセルは空咬みし、跳びつきましたが、どちらも相手の皮膚に歯を立てることはしませんでした。ウィートン・テリアはトリマーの腕をつかんで、やさしくぎゅっと握りました。エアデールはお客さんの頬にかすり傷をつけました。どれも普段から友好的なイヌですが、ここで一番重要なのは、このイヌたちが幼犬期より申し分のない咬みつきの抑制を発達させていたということです。ですから、とても怖い目や痛い目に遭ったにもかかわらず、瞬時（0.04秒以内）に咬みつきの抑制が働き、咬みつく行動を抑制しました。この結果、どのイヌも相手にケガを負わせることはなく、うまく矯正されました。

最初の尾をはさまれてしまったイヌですが、このイヌは相手の腕に何度も深く咬みつき、大ケガをさせてしまいました。このイヌはたいていの人が非常に友好的だと思っている犬種で、それまで数え切れないほど学校や病院にも連れて行かれていました。事実、たいへん友好的なイヌだったのですが、咬みつきの抑制は全くできていなかったのです。幼犬期に他のイヌとあまり遊ばず、子イヌのころの咬みつき行動もほとんどなく、咬んだ時もやさしい咬み方でした。成犬になってからも、この時まで一度も非友好的な兆しがなかったため、このイヌが咬みつくなどとは到底予想もできませんでした。さらに、それまで一度も空咬みしたり跳びついたこともなかったため、咬んだ時に深刻な傷になるという警告も発見できなかったのです。つまり、人の周りで長時間過ごす可能性のあるイヌでありながら、十分社会化はされていたとはいえ、咬みつきの抑制ができていないというのは危険な取り合わせです。

　イヌが咬むのは正当防衛ではないかと思う人もいるでしょう。しかし、ここに挙げた例のどれも、自己防衛をするような状況ではありません。どのケースでも、

5章：学習の期限 その5

　イヌは自分が攻撃されたと感じたかもしれませんが、結果的には自分を傷つける気などない人を咬んだことになります。皆さんが納得されるかどうかはわかりませんが、事実として、私たち人間は美容師・歯科医・友だち・知り合いなどに誤って傷つけられることがあっても、反撃に出ないように社会化されているのです。それと同じで、私たちのイヌも、トリマー・獣医師・家族・友だち・お客さんを攻撃することがないようにしつけることは、とても簡単ですし、どうしても必要なことなのです。

イヌの咬みつき：悪い知らせと良い知らせ

　どんな時でもイヌがうなったり、空咬みしたり、歯が触れたり、咬みついたりすると、とてもいらだたしく感じるものです。
　しかし、咬傷（こうしょう）事故の大部分では相手はケガをしていません。これはイヌが十分な咬みつきの抑制を身につけている確かな証明です。イヌが咬みつくのは社会化不足のためですが、咬みつきの抑制が十分発達しているとケガを負わせるまでには至らないのです。
　イヌが誰かに挑発されたことで腹を立てて切れてしまったとしても、抑制が強く働いて、相手にケガをさせるところまではいきません。ですから、この点では安心です。たとえば子どもにいじめられても、イヌはうなったり空咬みするだけで、子どもの皮膚に歯を立てることはありません。
　通常、咬みつきの抑制が発達しているイヌは、空咬みして相手の皮膚に少しでも触れるようなことがある前に、さらには咬みついて皮膚を傷つけたりするようなことが起きるずっと前から、たくさんニアミスを起こしているものです。ですから、飼い主は数えきれないほど警告を受けており、矯正的社会化をする時間も十分あるのです。

とてもよいイヌ・よいイヌ・悪いイヌ・とても悪いイヌ

とてもよいイヌ
＊よく社会化され、咬みつきの抑制が十分できているイヌ

　これはすばらしいイヌです。人が大好きで、咬みつく可能性はほとんどありません。たとえ傷ついたりおびえたとしても、キャンキャン鳴くか、逃げていく可能性のほうが高いでしょう。極度に興奮するようなことが起こった場合は、相手を顎で押さえつけることはあるかもしれませんが、相手の皮膚を咬み切るようなことはまず考えられません。

　このイヌは、幼犬期に他の子イヌや成犬とケンカ遊びをする機会がたくさんあり、さまざまな人にマウズィングしたり、一緒に遊んだり、トレーニングを楽しむ機会もたくさんありました。

　しかしながら、このようなすばらしいイヌであっても、社会化と咬みつきの抑制のトレーニングは一生続けていくべきだということは忘れないでください。そうすれば誰かを「咬む」ことがあったとして

も、ケガをさせることはまずないでしょう。

よいイヌ
＊社会化不足だが、咬みつきの抑制は十分できているイヌ
　これは見知らぬ人にはよそよそしいイヌです。逃げて隠れる傾向があり、追いかけられたり、押されたり、おさえつけられたりすれば、空咬みしたり歯を立てることがあります。それでも皮膚を咬み切ることは考えられません。
　他のイヌや飼い主の家族とは、十分マウズィングしたり遊んだりして育ってきましたが、幼犬期にたくさんの人と会う機会はなかったイヌです。
　このイヌは人を怖がってよそよそしい態度を示すため、これを明らかな警告として、飼い主はこのイヌを矯正してやる必要があります。咬みつきの抑制はできていますから、このイヌは安全に社会化させることができます。また、この怖がりなそぶりから、人に近づくなと十分警告しているので、一番被害者になりやすいのは見知らぬ人、特に子どもや男性、それから獣医師やトリマーのようにイヌをハンドリングしたり調べたりする人です。しかし、このイヌ

がひどいケガを負わせるようなことは考えにくいでしょう。

悪いイヌ
＊社会化不足で、咬みつきの抑制ができていないイヌ

　これは明らかに悪夢のようなイヌです。限られた人にしかなつかず、頻繁に吠えたりうなったりし、跳びついて咬みつき、人に大ケガをさせます。事故が起こる時は通常、まず声を上げて跳びついて咬みつきますが、すぐに逃げようとして頭を後ろに向けた時に引き裂くような傷を負わせます。

　おそらく裏庭かケネルで育ってきたか、室内に閉じ込められ、他のイヌや人にほとんど接触せずに育ってきたのでしょう。子イヌの頃に咬みつき遊びは全くさせてもらえなかったのです。

　このイヌにとって唯一幸いなのは、どう見ても社会化不足なため、イヌが咬みつける距離まで近寄るようなバカな人はほとんどいないことです。その結果、見知らぬ人に対する咬傷事故はほとんど起こらず、もし起きたとしたら飼い主が非常に無責任だったためです。見知らぬ人との事故では、このイヌは

一度だけ咬みついてすばやく逃げていきます。通常は咬みつきの被害者になるのは飼い主です。それは、日常このイヌのそばに近づくのは飼い主だけだからです。

とても悪いイヌ
＊よく社会化されてはいるが、咬みつきの抑制ができていないイヌ

　これが正真正銘の悪夢のようなイヌで、恐ろしく危険です！　表面上は陽気なので、潜在的に持つ問題、すなわち咬みつきの抑制不足は覆い隠されています。人が大好きで、一緒に楽しく過ごせるので、挑発されない限り咬みつくようなことはありません。しかし、いったん咬みつくと、傷は深く、非常に深刻な損傷になることもあります。

　このイヌは幼犬期にいろいろな人と遊んだりトレーニングを楽しむ機会がふんだんにありましたが、飼い主にマウズィングや咬みつき遊びは止められていたのでしょう。イヌに対して社会化不足で、おそらくケンカ遊びもさせてもらえなかったと思われます。

　イヌと一緒に遊ぶのが好きな人は、子ども・友だ

ち・家族・見知らぬ人を含め、誰でもこのイヌに咬みつかれる可能性があります。このイヌは咬みついても急いで逃げる必要を感じないため、1回に何度も咬みつくことがあります。

　多くの人はイヌがうなったり咬みついたりすることがない限り、そのイヌを「良いイヌ」だと思い、うなったり咬んだりすると「悪いイヌ」のレッテルを貼ります。しかしこの場合、イヌが「良い」か「悪い」かではなく、「社会化」と「咬みつきの抑制トレーニング」がしっかりできているかそうでないかが問題なのです。あるイヌが社会化されているかどうか、一度でもうなったり、空咬みしたり、歯を立てたり、咬みついたことがあるかは、幼犬期にどれだけよく社会化されたかによります。この幼犬期の社会化は飼い主にかかっています。しかし、このイヌがうなったり咬みついたりするかどうかより大切なのは、防御反応を示す時相手にケガをさせるかどうかです。言いかえれば、このイヌが幼犬期にどれだけ咬みつきの抑制を身につけたかです。咬みつきの抑制がどれだけ身についているかによって、このイヌが単にうなったり、空咬みしたり、跳びついたり（皮膚には触れない）、歯を立て

る（皮膚を傷つけない）だけか、それとも咬みついて深い傷を負わせるかが決まります。そして、幼犬期のうちに咬みつきの抑制を身につけられるかどうかは、飼い主次第なのです。

人の咬みつきの抑制？

　完璧にお行儀のいいイヌなどいませんが、幸いほとんどのイヌはかなりよく社会化されており、咬みつきの抑制もなかなかよくできています。時には相手によって怖がったり警戒したりはするものの、基本的には友好的です。また、多くのイヌは、一生のうちでいつかは、人にうなったり、跳びついたり、空咬(から が)みしたり、歯を立てた経験があるでしょうが、ひどいケガまでさせてしまうイヌはごくわずかです。
　咬みつきの抑制がどれだけ大切かは、人を例に取って説明したらわかりやすいかもしれません。自分はこれまで一度たりとも仲たがいや口論はしたことがなく、怒りにまかせて人（特に兄弟・配偶者・子

どものことを考えてみてください）に手にかけたことはないと自信を持って言いきれる人はほとんどいないでしょう。しかし、相手に入院しなければならないほどの大ケガをさせたことのある人はごくまれなはずです。つまり、たいていの人は、時には仲たがいをしたり、口論したり、手を出してしまうことはあると素直に認めます。それでも、相手に大ケガをさせることはまずないのです。イヌも人と全く同じです。ほとんどのイヌが、毎日、何度かは小競り合いをしています。一生のうちには、つかみあいのケンカも何度か経験しているでしょう。しかし、他のイヌや人に大ケガをさせたことのあるイヌは本当にめったにいません。だからこそ「咬みつきの抑制」は大切なのです。

> **イヌは人ほど恐ろしくはない**
>
> 　たまにイヌが人にケガをさせたり、人を咬み殺したりするのは、悲しいですが事実です。米国では年間平均20人（その半数が子ども）がイヌに咬み殺されています。このような衝撃的な事件は、特に被害者が子どもの場合、ほぼ間違いなく全国ニュースになります。しかしもっとひどいことに、去年1年間だけで米国内で殺された子どもは実に2000人もいるのです！　ですがこの数字はイヌとは関係ありません。殺したのは子どもの親たちです！　その上、こうした殺人事件が全国ニュースになることもありません。1日に6人以上も殺されるので、子どもが親に殺されても当たり前過ぎて全国ニュースにするほどの話題性がないと考えられているのです。

他のイヌに対する咬みつきの抑制

　咬みつきの抑制ができているといかに安全かは、イヌ同士のケンカの際にみごとに表れます。イヌがケンカする時には、お互いに殺そうとしているのではないかというほどの騒ぎで、容赦なく何度も咬みつきあっているように見えます。しかし、事が収まってイヌの体を調べてみると、9割9分刺傷はありません。ケンカは突如として熱狂的に始まり、どちらのイヌも興奮しきっていますが、双方とも非常にし

っかりした咬みつきの抑制を幼犬期に身につけているおかげで、危害を加えることがないのです。子イヌは大好きなケンカ遊びをしながら、咬みつきの抑制を教え合います。

幼い子イヌはよくケンカばかりしています。ケンカの多くは子イヌの正常な遊びには不可欠の要素ですが、一方、子イヌは階層の確立と維持のためにもケンカすることがあります。頻繁にケンカ遊びをしたり、階層をめぐってケンカをするのは、咬みつきの抑制を安定して維持するのにどうしても必要です。

　家に予防接種が全て済んでいる成犬が別にいる場合を除いては、あなたの子イヌはしばらく他のイヌと接触することのない社会的空白期間を過ごさなければなりません。この間、イヌに対する社会化はしばらく延期されることになります。子イヌに十分な免疫ができるまでは、予防接種が完全でない可能性がある成犬と交流させたり、犬パルボウィルス腸炎など子イヌの深刻な疾病にかかっているかもしれな

いイヌの糞や尿に接触させたりするのは危険過ぎます。しかし、子イヌに十分な免疫ができ、外に出かけても安全になったら（もっとも早くて生後3ヶ月齢）、急いで他のイヌに対する社会化の遅れを取り戻してください。すぐに子イヌをしつけ教室に入会させ、1日数回は散歩や近くのドッグパークに連れて行ってください。そうすればきっと、何年経ってもあの時そうしておいて良かったと思うようになるでしょう。自分の友好的なイヌが他のイヌと楽しく遊んでいるのを見るほど嬉しいことはありません。

　それでも、咬みつきの抑制を保留することはできません。自宅に子イヌと遊べる成犬がいないのなら、しつけ教室に入会できる月齢になる前に、あなたが子イヌに咬みつきの抑制を教えなくてはなりません。

人に対する咬みつきの抑制

　もし自宅にイヌの仲間が何頭かいたとしても、人に咬みつく力と頻度を抑制することは、あなたが子イヌに教えなければなりません。さらに、人に怖い

目に遭わされたり、傷つけられた時にどう対応すべきかを子イヌに教えなくてはなりません。子イヌは必ず叫び声を上げますが、咬みついてはいけませんし、押し倒すなど絶対許されないのです。

　あなたのイヌが友好的でやさしくマウズィングできるとしても、どんなに遅くても生後5ヶ月齢までには、人に要求されないかぎりは絶対に人の体や服に歯を立ててはいけないことを教えなければいけません。マウズィングは子イヌにはどうしても必要なことです。しかし、青年期のイヌがマウズィングするのは許されるとしても、もう成犬に近いイヌや成犬がお客さんや見知らぬ人にマウズィングするのは言語道断です。生後6ヶ月齢にもなると、イヌがいくら友好的でふざけ半分でやさしくやったとしても、子どもに近づいて腕をつかむなどもってのほかです。子どもは当然震えあがるでしょうし、子どもの親にいたっては言うまでもありません。

咬みつきの抑制レッスン

　ここは、よく注意して読んでください。何度もしつこく言うようですが、「咬みつきの抑制」は子イヌに教えるべきことのうちで一番大切なことです。

　当然、子イヌの咬みつき行動は、いつかはやめさせる必要があります。もし幼い子イヌがふざけるのと同じように、成犬が家族・友だち・見知らぬ人をひっかいてケガをさせてしまったら、とてもそのイヌは飼ってなどいられません。咬みつきの抑制は、系統だてた2段階のプロセスで徐々に進めていくことが絶対に必要です。

＊まず第1に、咬みつく力を抑制すること、そして第2に、咬みつく頻度を減らしていくことです。

　理想を言えば、この2段階は順番に教えていくべきですが、飼っている子イヌが活発でよく咬みつく場合は、この2つを同時進行させたほうがいいかもしれません。いずれにせよ、子イヌの咬みつき行動自体を完全にやめさせる前に必ずやさしく咬んだりマウジングできるよう教えなければなりません。

1. 咬みつきの力の抑制

　第1段階は子イヌが人を傷つけるのをやめさせること、つまり咬みつき遊びの際に咬む力を弱めるよう教えることです。この時子イヌを叱る必要はなく、体罰は絶対にいけません。しかし、咬みつくと相手を傷つけることがあるということを、必ず教えてください。通常はただ「痛いっ！」と叫ぶだけで十分です。その時子イヌが離れて後ろへ下がったら、短いタイムアウトをとって「反省させる」時間をおいてから、子イヌにオイデ・オスワリ・フセをさせ（謝らせて仲直りするため）、また遊びを再開します。あなたが痛がって叫んでいるのに、子イヌが力をゆるめたり後ろに下がったりしない場合、効果的なテクニックは、子イヌに「いじわる！」と言って部屋を出てドアを閉めてしまいます。そして1－2分のタイムアウトを与えて、痛いほど咬むと一番好きな嚙むおもちゃとしての人間がすぐいなくなってしまうことに気づかせましょう。それからまた子イヌのところに戻っていって、仲直りをします。あなたが子

イヌのことを大好きなのは変わらないけれど、痛いほど咬みついてはいけないということを教えなければいけないのです。子イヌにオイデ・オスワリ・フセをさせてから、また遊びを再開しましょう。

　子イヌの咬む力が強過ぎた時には、子イヌを押さえつけたり、どこかに閉じ込めるよりも、あなたのほうが出て行くといいでしょう。ですから、子イヌとは長時間居場所の制限をする場所で遊ぶようにします。このテクニックは、頭の鈍いイヌには特に有効です。なぜなら、これはちょうど子イヌ同士が遊びながら咬みつく力を抑制することを学んでいくのと全く同じ方法だからです。ある子イヌが別の子イヌをあまり強く咬むと、咬まれたほうは叫び声を上げ、痛いところをなめますが、この間遊びは中断してしまいます。咬んだほうの子イヌはすぐに、強く咬み過ぎるとせっかく楽しかった遊びが中断してしまうことを学習します。そして、遊びが再開した時には、咬んだほうのイヌはもっとやさしく咬むよう学んでいます。

　この時点で「咬みつき」はもう痛くなくなっていますが、今度は咬みつく時に全く力を入れないよう

子イヌに咬まれた時に、あなたが子イヌに適切な応対をする回数が多いほど、咬みつきの抑制はよく身につき、成犬になった時の顎の力もずっと信頼できるものになります。子イヌに咬みつく力を弱めさせるための適切な応対というのは、子イヌがやさしくマウズィングをしたらほめてやること、咬む力が強くなってきたら「痛いっ！」と言って遊びを中断して短い休憩を入れること、そして痛いほど咬んだ時は「痛いっ！」と言って遊びをやめてしまい、30秒間タイムアウトを取ることです。休憩やタイムアウトの後に遊びを再開する時は、必ず子イヌにオイデ・オスワリ・フセをさせてからにします。

にする段階です。子イヌが人を咬んでいる間、少しでも圧がかかるまで待っていて、本当に痛そうに反応してください（実際にはそうではなくても）。「痛いっ！」「このやろう！」「もっとやさしく！」「ケガするだろ、バカ！」という具合です。子イヌは「えぇえーっ！　人間ってそ〜んなに弱いの？　人間の敏感な皮膚をマウズィングする時には本当に気をつけないとだめなんだ…」と考え始めるでしょう。まさに、あなたの思うつぼです。つまり、子イヌは

5章：学習の期限 その5

人と遊ぶ時にはやさしくしなくてはならないことに気づくのです。

　子イヌは生後3ヶ月齢になるはるか前に、人を傷つけてはいけないことを学ぶ必要があります。生後4ヵ月半、つまり顎の力が強くなってきて永久歯が生え始める頃には、マウズィングの時全く圧をかけないようになっているのが理想です。

2. マウズィングの回数を減らす

　子イヌがやさしくマウズィングすることを覚えたら、今度はマウズィングの回数を減らしていく段階です。子イヌはマウズィングをするのはいいけれど、やめるように言われたらやめなくてはならないことを学習する必要があります。なぜかって？　それは、お茶を飲んでいたり、電話に出ようとした時に、20キロもある子イヌが腕にぶら下がってじたばたしたら困るからです。

　一番初めは、ドライフードを使って子イヌをひきつけたり、ごほうびを与えたりする方法で、「オ

フ！」を教えましょう。取引はこうです。「私が『オフ！』と言った時、私の手のひらにあるフードにほんの1秒間触れないで我慢できたら『取れ！』と言うから、そうしたらフードを取って食べていいよ。」子イヌがこの単純なルールをマスターしたら、フードに触れてはいけない時間を2-3秒に、それから5秒、8秒、12秒、20秒と延ばしながら、同じ取引を繰り返していきます。この際、「いい子だワン、いい子だツー、いい子だスリー……」と、1秒ごとにカウントして子イヌをほめるようにします。もし子イヌが自分から勝手にトリーツに触ったら、また1からカウントをしなおしてください。そうすれば子イヌは「もし『オフ！』と言われたら、たとえば8秒間我慢していないとごほうびはもらえないんだ、だから一番てっとり早いのは、初めから8秒間フードに触らなきゃいいんだ」とすぐに学習します。これに加えて、このレッスンをしている間は、いつもフードを手から与えるようにすると、子イヌは甘咬みができるようになります。

　子イヌが「オフ！」の要求を理解できたら、フードをルアー／ごほうびとして使い、マウズィングを

やめることを教えます。まず「オフ!」と言って、ドライフードをルアーとして揺らして子イヌをひきつけ、子イヌが離れたらほめて、ごほうびにそのフードを与えます。

このレッスンの主な目的は子イヌにマウズィングをやめさせる練習をすることですから、子イヌがおとなしくマウズィングをやめて離れるたびに、また遊びを再開します。この遊びをやめては再開するということを何度も繰り返しましょう。子イヌはマウズィングをしたがっているのですから、マウズィングをやめることに対する最高のごほうびは、またマウズィングを許すことです。マウズィングを完全にやめさせる時は、子イヌにドライフードを詰めたコングを与えてください。

万一、子イヌが「オフ!」の要求に従わず、あなたの手を放さないなら、「いじわる!」と言ってすぐにイヌの口から手を振りほどき、「もういい!」「やったな!」「おまえのせいでめちゃくちゃだ!」「終わりだ!」「もうおしまいだ!」「もうやらないぞ!」と文句を言いながら急いで部屋を出て、イヌの鼻先で戸をバンッと閉めましょう。そして子イヌ

を2-3分ひとりきりにした後、また戻ってオイデとオスワリをさせて仲直りをし、それからまたマウズィングゲームを続けます。

　子イヌが生後5ヶ月齢になる頃には、14歳のラブラドール・レトリバーくらいやさしくマウズィングができるようになっていなくてはなりません。要求されてマウズィングするのでないかぎり、子イヌは絶対自分からマウズィングを始めてはいけませんし、マウズィング中は絶対に力を入れてはいけません。また、家族の誰かに要求されたら、すぐさまマウズィングをやめておとなしくできるようになっている必要があります。

　成犬になってから、あなたが要求した時ならマウズィングを許すかどうかはあなた次第です。しかし、私はほとんどの飼い主に生後6-8ヶ月齢になるまでには人に対するマウズィングを完全にやめさせるよう勧めています。それでもなお、咬みつきの抑制レッスンを継続していくことは絶対必要です。そうしないと、あなたのイヌの咬みつき方はしだいにあやしくなり、成長するにつれ、強く咬むようになってくるからです。またイヌに定期的に手からフード

5章：学習の期限 その5

を与え、毎日歯磨きをしてやることが大切です。どちらの場合も、人の手がイヌの口に入ることになりますから。

　イヌをうまくコントロールできる飼い主にとっては、定期的に子イヌとケンカ遊びをすることが甘咬みを維持する最も良い方法です。しかし、子イヌが手におえない状態にならないために、また飼い主がケンカ遊びにはたくさん利点があることを十分認識するためにも、必ずルールに従ってケンカ遊びをする必要があります。そしてイヌにもルールを守るよう教えなければなりません。ケンカ遊びのルールは『イヌの行動問題としつけ』の「咬みつく（防御的攻撃）」の章で詳しく説明しています。

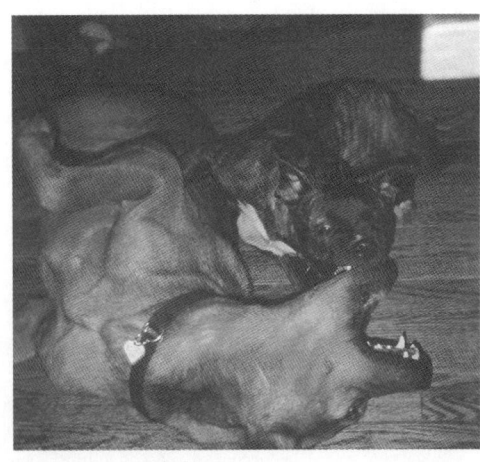

咬みつきの抑制を確立することがどれだけ重要であるかは、子イヌの遊びの、実に9割で咬みつきあいが起こっていることから明らかです。ひょっとしたら、私たちもイヌから学ぶべきかもしれません。

ケンカ遊びによって、子イヌはマウズィングできるのは手（圧力にとても敏感な部分）だけで、衣服をマウズィングするのは絶対にいけないということを学びます。靴ヒモ、ネクタイ、ズボン、髪の毛には神経が通っていないため感覚がありません。ということは、子イヌが強く力をかけて、皮膚すれすれまで歯を立てるようなことがあっても、飼い主は適切な対応ができません。また、イヌはケンカ遊びのゲームから、いくら興奮していても顎に関するルールは絶対にやぶってはならないと学習します。基本的に、ケンカ遊びはあなたにとっても、興奮している子イヌのコントロールを練習するいい機会です。現実に問題に遭遇する前に、同じような環境を作ってこうしたコントロールがしっかりできるようになっておくことが大切です。

手におえないプレイセッション

　飼い主の中には、特に大人の男性・青年・男の子など、マウズィング遊びをすぐに手におえない状態にし

5章：学習の期限 その5

てしまう人がいます。だから、イヌのしつけの教科書にはケンカ遊びや引っ張りっこゲームにふけらないようにと書かれていることが多いのです。こうしたゲームをする本来の目的は、あなたがもっとうまくイヌをコントロールできるようになることです。そして、ルールに従ってゲームをすれば、子イヌのマウズィング行動、吠え方、エネルギー発散量、活動などをとても上手にコントロールできるようになるでしょう。しかし、ルールに従って遊ばないと、子イヌはすぐに手におえない成犬になってしまいます。

　私は自分のイヌに関して単純なルールを1つ設けています。オイデ・オスワリ・フセ・吠えろ・シィーッ！　を私の子イヌにさせることができない人は、絶対に私の子イヌに接触したり遊んだりしてはいけないというルールです。このルールは全ての人に要求しますが、特に家族・友だち・お客さんなど、イヌの行動をだいなしにしてしまう可能性が最も高い人を想定しています。引っ張りっこゲーム・ケンカ遊び・変形サッカーなどの活動的なゲームについては、私はもう1つルールを追加しています。すなわち、どんな時でもイヌに遊びをすぐにやめさせ、

オスワリかフセをさせられない人は、私のイヌと遊ぶことはできないというルールです。

　子イヌを遊ばせている時に「オフ！」と「オスワリ！」と「おとなしくしなさい」を何度も練習させれば、子イヌはどんなに興奮して熱狂的になっていてもあなたの言いつけには従い、すぐに簡単にコントロールできる成犬になるはずです。遊びは途中で頻繁に中断してください。少なくとも30秒に1回くらいは短いタイムアウトを入れ、自分が子イヌをコントロールできており、簡単に子イヌを離れさせたり落ちつかせたりできるか確認します。練習を繰り返すほど、上手に子イヌをコントロールできるようになるでしょう。

甘咬みのできる子イヌ

　猟犬種の多く、特にスパニエル（それも特に優秀なスパニエル）は、子イヌの頃からとてもやさしく甘咬みができるため、自分の顎が相手を傷つけてしまうことを学ぶチャンスがあまりありません。子イ

5章：学習の期限 その5

ヌが頻繁にマウズィングや咬みつきをするということがなく、強く咬む経験もほとんどなく育ってしまうと、深刻な問題が起こります。子イヌは咬んでも良い限界を学ばなくてはなりません。それは、限界を超えてしまった時に、飼い主が子イヌに適切な対応をすることによって初めて学習できます。前にも話しましたが、子イヌをしつけ教室に入れたり、リードをはずして他の子イヌと遊ばせることで解決できるでしょう。

咬みつかない子イヌ

シャイなイヌは、他のイヌや見知らぬ人に社会化したり遊んだりすることがごくまれです。そのため、咬みつき遊びもしなければ、自分の顎の力について学ぶことも全くありません。典型的な例は、子イヌの時にマウズィングも咬みつきもせず、成犬になってからも人を咬んだことのなかったイヌの場合です。ある日、このイヌが骨をしゃぶっている最中に、見慣れない子どもがけつまずいてイヌの上に倒れて

しまいました。その時初めて、このイヌは咬みつきました。それもただ咬んだだけではなく、咬みつきの抑制が全くできていなかったために、初めて負わせた傷が深い刺傷になってしまいました。つまり、シャイな子イヌには社会化が最重要課題で、これは時間との闘いなのです。

　これと同様、アジア犬種（日本犬種）のいくつかは飼い主に対する忠誠心が非常に強いために、他のイヌや見知らぬ人に対してよそよそしい態度を取りがちです。家族に対してだけマウズィングをしたり、咬みついたりするイヌもいますが、マウズィングさえしないイヌもいます。そのため、顎の力を抑制することを学ぶことがありません。

　咬みつかない子イヌは直ちに社会化させる必要があります。そのためには生後4ヶ月半になるずっと前に、ケンカ遊びや咬みつき遊びを始めなければなりません。早急に子イヌをしつけ教室に入れれば、社会化と幼犬期の遊びを一番効果的に達成できます。

> **重大な過ち**
>
> よくある過ちは、咬みつくのをやめさせようとして子イヌを罰してしまうことです。罰を与えても、子イヌは罰しようとする家族にだけ咬みつかなくなるのがせいぜいで、その代わりに子どもなど子イヌをコントロールできない人に咬みつくようになります。さらに悪いのは、子イヌが飼い主にはマウズィングをしないため、飼い主は子どもが危ない状況に置かれているのに気づかないことが多いということです。もっと悪いのは、子イヌはもう人には全くマウズィングをしなくなることです。このため、子イヌは咬みつく力を抑制するトレーニングを受けることができません。しばらくは平穏な状態が続くかもしれませんが、誰かが誤ってこのイヌの足を踏んづけたり、車のドアに尾をはさんでしまったりすると、イヌは咬みついてしまい、しかも咬みつきの抑制が全くできていないため、相手に大ケガをさせてしまいます。

発達の速さ

　大型の作業犬種はゆっくり発達するため、いま問題が発覚していなければしつけ教室に入会させるのを生後4ヶ月齢になるまで遅らせてもかまいません（一番遅くて4ヶ月半）。しかし小型犬種、特に牧牛犬は発達が速いため、生後4ヶ月齢まで待っていては手遅れになります。牧牛犬、牧羊犬、トイ犬種、テリア犬種は予防接種を受けて外に出ても安全になった

らすぐに、どんなに遅くても生後3ヶ月半までには必ずしつけ教室に入会させなくてはなりません。

　子イヌの大きさや発達の速度には関係なく、正式な教育であるしつけ教室を最大限に活用するには、子イヌが生後3ヶ月齢で一度しつけ教室に参加し、次に生後4ヶ月半で2度目のしつけ教室に参加することです。

パピースクール（子イヌのしつけ教室）

　子イヌが生後3ヶ月齢になったら、すでに遅れてしまっている他のイヌに対する社会化と自信を身につけさせることが緊急課題です。いくら遅くても生後18週齢までには、子イヌはしつけ教室に入れるべきです。

　生後4ヶ月半というのはイヌの発達で最も重要な節目で、この時期に子イヌは青年期のイヌになります。この変化は一夜にして起こることもあります。子イヌが青年期に突入してしまうまでに、必ずしつけ教室に入れてください。子イヌが幼犬期から青年期に

さしかかるこの難しい時期に、プロのペットドッグトレーナーの指導と教育を受けておくことは、いくら強調してもし過ぎることのない大切なことです。

しつけ教室では、子イヌは何の脅威も感じない管理された環境で、他の子イヌと遊びながらイヌ社会のマナーを身につけていくことができます。シャイな子イヌや怖がりの子イヌもどんどん自信をつけていき、いじめっ子も力を抑えてやさしくすることを学んでいきます。

子イヌの遊びはこの上なく重要です。遊びは子イヌがイヌ社会のエチケットを学ぶために必須のもので、これさえ経験しておけば、成犬になってもケンカしたり逃げ出したりするより遊ぶほうがずっと好きになります。一般的には、子イヌの頃に十分社会化されていないと、成犬になっても楽しく遊ぶ自信がもてません。その上、いったん怖がりや攻撃的な成犬になってしまうと、矯正はとても難しくなります。しかし、成犬になってから起こりうるこうした深刻な問題は、幸いなことに幼犬期に子イヌ同士で遊ばせることにより簡単に予防できます。ですから、あなたの子イヌにもその機会を与えてあげましょう。幼犬期に遊ぶ機会を与え

ないでおいて、子イヌを一生社会的不安にさらしてしまうのはひどい話です。

　社会化されたイヌは全くおびえたりケンカすることがないとは言いませんが、社会化されたイヌであれば、一時的におびえることはあっても、すぐに立ち直ります。しかし、社会化されていないイヌではそうはいきません。また、社会化され、さまざまな大きさや犬種のイヌにどう対処するかを学んできたイヌであれば、たまに社会化されていないイヌや友好的でないイヌに会っても、うまく対処する素養を身につけています。

イヌに対する社会化 vs. 人に対する社会化

　イヌに人に対して友好的になるようにトレーニングすること、特に一番身近な飼い主の家族と喜んで過ごせるようにすることは、子イヌの教育の中でも二番目に重要な項目です。これは他のイヌに対する社会化よりもずっと大切なことです（ちなみに子イヌの教育課程における一番重要な事項は、もちろん

「咬みつきの抑制」です)。

　常識的な予防を考慮すれば、他のイヌと付き合うのが苦手なイヌと暮らすことは可能ですが、人が嫌いなイヌと暮らすのはとても難しく、危険ですらあります。特にこのイヌが家族のことを嫌いならなおさらです！　イヌの形質として、「人に友好的である」ことは「他のイヌに友好的である」ことよりはるかに重要なのです。

　散歩中やドッグパークで他のイヌと遊ぶ機会が十分あるために、他のイヌに対して友好的なのは本当にすばらしいことです。しかしながら、現実的には、郊外で飼われているイヌは毎日規則正しく散歩に連れて行ってはもらえません。また、他のイヌと交流する機会もあまりありません。多くの飼い主にとって、自分のイヌが他のイヌに友好的であることはどうしても優先順位が低いのです。一方、他のイヌに対して友好的にふるまうことを重要視する飼い主であれば、おそらく自分のイヌを定期的に散歩やドッグパークに連れて行くでしょうから（実際イヌを飼う一番の理由なので）、そのイヌは他のイヌに対して社交性を身につけた成犬になる可能性が高いと言

えます。しかし、こうしたイヌの場合も、毎日散歩に行く時にたくさんの見知らぬ人（子どもが多いのですが）に会う可能性が高いのですから、人に対して友好的にふるまえることのほうが、やはりずっと重要です。

　しつけ教室のほとんどは家族中心の構成なので、あなたの子イヌも男性、女性、また、特に子どもなど、あらゆる人に社会化することができます。トレーニングゲームもあります。初めてのレッスンだけで子イヌがどんなにたくさんのことを学ぶかには、びっくりするでしょう。イヌは要求に応じてオイデ・オスワリ・フセができるようになり、体を調べられるためにタテ・マテとロールオーバーもできるようになります。また、飼い主の言うことに耳を傾け、気が散らないようになります。さらに、しつけ教室は文句なく最高に楽しい！　子イヌが初めてしつけ教室に行った夜をあなたは忘れないでしょう。あなたにとっても子イヌにとっても、しつけ教室は大冒険なのです。

　覚えておいてください。あなたがしつけ教室に参加しているのは自分の勉強のためでもあります！

そして、まだ学ぶべきことは山ほどたくさんあります。行動問題を解決するための有益なヒントは数え切れないほど見つかるでしょう。青年期のイヌに特有の騒々しさや乱暴な行動をコントロールする方法も学べます。しかし、何よりも重要なのは、子イヌの咬みつき行動をどうコントロールしていくかを学ぶことです。

しつけ教室に参加する一番の理由
－子イヌの咬みつきの抑制をさらに確実にする絶好のチャンス－

そろそろ子イヌのマウズィングと咬みつきにはうんざりしていることでしょう。この理由は、子イヌの咬みつきの回数が多過ぎる、あなたが望む以上に強く咬み過ぎる、あるいは咬みつく回数が少ないため咬みつきの抑制を身につけられていない、のどれかです。いずれにしても、子イヌの遊びが解決策になります。他の子イヌが最良の教師になってくれるからです。「あまり強く咬みつき過ぎたらもう遊ん

でやらないからな！」というように。子イヌはいつでもケンカ遊びや咬みつき遊びをしたくてウズウズしているため、結果的にお互いに咬みつきの抑制を教え合うことになるのです。

　月齢が同じくらいの幼い子イヌを集めた教室はとても活気があり、運動量もものすごく、同じ年頃の子どもを集めたのに匹敵するほどです。子イヌは刺激しあって、追いかけっこやケンカ遊びをしますが、子イヌが遊びの中で咬みつきあう回数ときたら天文学的です。しかも、どの子イヌもお互いに興奮させ合うため、遊び方がエスカレートして、ある子イヌが別の子イヌを強く咬み過ぎてしまいます。すると、咬みついた子イヌは相手から適切な反応を受けるようになっています。幼い子イヌの皮膚は非常に敏感ですから、もし強く咬み過ぎると、咬まれた子イヌは直ちにはっきりした反応を相手に返します。実際、子イヌがたった1時間のしつけ教室で、自分の咬みつきの力に対して他の子イヌから受け取る反応は、自宅で飼い主が1週間かけて与えてやれる反応の量に勝っています。それに加えて、他の子イヌに対する咬みつきの抑制ができるようになれば、人に対す

る咬みつきの抑制にも応用が利くため、自宅での子イヌのトレーニングやコントロールも楽になります。

　さて、前に説明したように、よく社会化されたイヌでも時には仲たがいやケンカをすることはあります。まあ、誰だってそうでしょう？　しかし、私たちは他人や自分のイヌと仲たがいしても、相手を引き裂いたり骨折させたりせずに社会的に容認される方法で解決するすべを身につけています。これと同じことが、社会化されたイヌにもできるのです。もちろん口論やケンカを全くしないことをイヌに期待するのは非現実的ですが、人や他のイヌにケガをさせることなく、相手を許せるようになることは実に現実的です。これができるようになるかどうかは、他の子イヌと遊んでマウズィングしながら、咬みつきの抑制をどの程度まで発達させることができるかにかかっています。ですから、子イヌを直ちにしつけ教室に入れましょう。そうすれば、子イヌはとてもやさしく甘咬みできるようになり、吠える時はいつも友好的になるはずです。

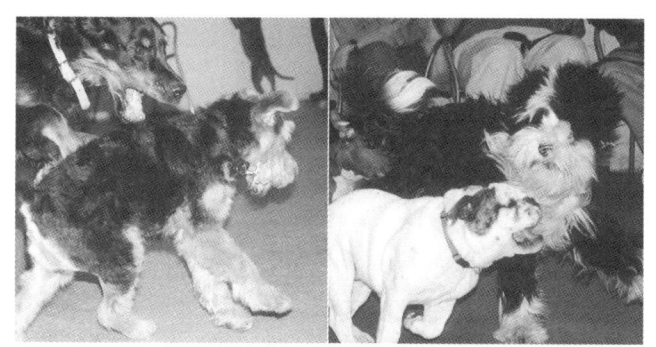

他の子イヌは咬みつきの抑制を教えてくれる最良の教師です。生後4ヶ月齢までには、子イヌの遊びはほとんど全て追いかけっこや咬みつきあいになってきます。忘れないでほしいのは、子イヌが手のつけられない状態になっていないかを頻繁にチェックすることです。約1分おきに子イヌの首輪を押さえ、落ちつかせて、遊びを中断させ、オスワリさせてからもう一度遊びを再開するとよいでしょう。忘れないで下さい、子イヌには社会化され、コントロールのできるイヌになってもらいたいのです。コントロールが利かず、すぐ興奮する社会的落ちこぼれのイヌにはなってもらいたくないはずです。

「かかりつけの獣医師に、まだうちの子はしつけ教室に行くには早過ぎると言われました」

　獣医師が心配しているのは、当然ながら患者の身体的健康です。よくある深刻な感染症（犬パルボウィルス腸炎やジステンパーなど）は幼い子イヌには大問題で、しっかりと免疫ができるには一連の予防接種を受ける必要があります。生後3ヶ月齢の子イヌにはまだ70－75％の免疫しかありませんから、感染

5章：学習の期限 その5

の危険性があるというのにもやはり一理あり、確かにそれは事実です。しかし、しつけ教室に来ているのは予防接種を受けた子イヌだけですし、床は定期的に掃除して消毒されていますから、かなり安全な場所といえます。さらに、子イヌの身体的健康を考えるのはごく一面的なことです。精神的健康や行動面の健康もやはり同じくらい重要なのです。

　感染する可能性がどれくらいあるかは、その子イヌの免疫力と、どれだけ環境に感染の危険性があるかによります。子イヌの免疫力は、予防接種を連続して受ければ生後5ヶ月齢には99％まで上がってきます。環境は比較的安全なものから非常に危険なものまでさまざまです。また、病気に対して100％の免疫力がある動物はいませんし、100％安全な環境もありません。

　身体的健康の心配だけを考えるなら、少なくとも生後5-6ヶ月齢になるまでは感染の危険がある場所には近寄らないことをお勧めします。しかし、子イヌの行動・気質・咬みつきの抑制・精神面の健康も、身体的健康と同じくらい重要です。米国では毎年、動物病院1軒につき犬パルボウィルス腸炎で死

ぬ子イヌは平均5頭ですが、行動問題や気質問題のために安楽死させられてしまう子イヌは数百頭にもなります。実際、行動問題は生後1歳までのイヌが死亡する原因として最も多いのです。そして、発達中の子イヌに感染症を防ぐ予防接種が必要なのと同じで、行動問題や気質問題が発達するのを予防するための社会的・教育的な「予防接種」も必要なのです。健康全般について言えば、幼い子イヌは疾病に対する予防接種はもちろん必ず受けなければいけませんが、散歩やドッグパークやしつけ教室にも、できるだけ早く連れて行かなければなりません。

　子イヌが成長するにつれて免疫力も強くなってきます。幼いうちはできるかぎり安全な環境（自宅など）においておくべきですが、子イヌが大きくなってきたら、しつけ教室のような完全には安全と言えない場所へ連れ出すことをお勧めします。そして、青年期になり十分な免疫ができたら、歩道やドッグパーク、動物病院の待合室、駐車場などの危険地帯に頻繁に出かけていってもかまいません。

　あなたの子イヌが常に危険にさらされているのは、悲しいことですが事実です。たとえば、乾いた

5章：学習の期限 その5

糞（犬パルボウィルスに感染した）が風に舞い、あなたの庭や家に飛来することもあります。あるいは家族の誰かが感染したイヌの尿や糞を踏んづけて、家まで持ち込んでしまうこともあります。ですから、いつも決まった衛生管理を心がけ、家に入る時は靴を脱ぐようにします。幼い子イヌにとって一番安全な場所は、室内かフェンスで囲った裏庭です。生後3ヶ月齢になるまでは、子イヌをそこから出さないようにしましょう。子イヌが生後3ヶ月齢になるまでに、この安全な自宅で家庭のルールを教えたり、たくさんの社会化レッスンを大急ぎで行わなければなりません。自宅以外で比較的安全な場所は、あなたの車の中、友だちの家やフェンスで囲った裏庭などです。そこなら子イヌは安全に社会見学を始めることができます。ただし、家と車の間は子イヌを抱えて移動することだけは忘れないようにしてください。

　子イヌが生後3ヶ月齢であればしつけ教室に入れるのも比較的安全です。室内のしつけ教室はかなり安全な環境と言えますが、やはり家と車の間は子イヌを抱えて移動することをお勧めします。免疫問題を起こしやすい犬種（たとえばロットワイラーやド

ーベルマンなど）は幸い発達も遅いため、生後4ヶ月齢になるまでしつけ教室に入れるのを遅らせても差し支えありません。実際、私は、成熟が遅い大型犬種は生後4ヶ月齢になってからしつけ教室に入れるほうがいいと思います。そうすれば、教室に通っている間に青年期の問題に対処することができますから。そうしないで、生後3ヶ月齢で大型犬をしつけ教室に入れたとすると、卒業するのは生後4ヶ月半ですが、その時点ではまだ成熟していない大型犬を見て、飼い主はかわいいぬいぐるみのようなものだという勘違いをしたままのことがあるのです。

　また同様にお勧めしたいのが、子イヌを他のイヌが頻繁に出入りしている（そして、おそらく各種の細菌や感染媒介で汚染されている可能性のある）ドッグパークや公共の場へ散歩に連れて行くのは、少なくとも生後4ヶ月齢まで遅らせることです。公共の場に連れて行く前に、リードをつけて自宅の周りや庭で散歩の練習をさせることはいつでもできますし、自宅によその人を定期的に呼んでくることもすべきでしょう。

5章：学習の期限 その5

> **子イヌを抱いて歩く**
>
> 免疫が不完全な子イヌにとって、歩道やドッグパーク以上に危険な場所は、おそらく動物病院の待合室や駐車場でしょう。診察台は患者がひとり終わるごとに洗って殺菌されますが、待合室の床を消毒するのは普通1日1回だけです。駐車場にいたってはほとんど消毒することはありません。イヌは駐車場に排泄しますし、たまには待合室でも排泄することがあります。尿はレプトスピラ菌やジステンパーウィルスが寄生している可能性があり、糞はパルボウィルス、コロナウィルスその他さまざまな腸内寄生虫が寄生しているかもしれません。待合室では子イヌをずっと膝にのせておきましょう。あるいは、子イヌを車で待たせておいて、自分の番が来たら車から直接診察台まで子イヌを抱えていくことです。

「しつけ教室なんて行く必要ないわ。うちのもう1頭のイヌとすごくうまくやってるもの」

　この子イヌはご家庭で飼っているもう1頭のイヌにはとてもよく社会化されているかもしれませんが、ひとりで外に出してごらんなさい。たとえば街を散歩してみたり、ドッグパークやしつけ教室に連れて行ったりしたら、きっとあなたはショックを受けることでしょう。すぐに、あなたの子イヌが全く社会化されていないことがわかるはずです。それどころか、逃げて隠れたり、防衛的にうなり、跳びつ

き、空咬みするかもしれません。

　家ではとてもよく社会化され、友好的に見えるかもしれませんが、それは家に飼われているもう1頭のイヌに対してだけなのです。また、その1頭だけに依存し過ぎている可能性もあります。そして、初めてひとりで外へ出かけた時には、親友でありボディガードである相棒が一緒にいる安心感がないため、我を失ってしまうかもしれません。

　社会化のためには、いろいろなイヌと会わなければなりません。また、たとえ社会化されていても、社会化を継続するためには、日々見慣れないイヌに会う必要があります。ですから子イヌを散歩やドッグパークに定期的に連れて行きましょう。そして、しつけ教室にも入会させましょう。

あなたの子イヌが同じ家に飼われているイヌと仲良くできるのはすばらしいことです。しかし、見知らぬイヌともうまくやっていくことを学ぶために、子イヌはしつけ教室、散歩、ドッグパークなどで見知らぬイヌに会う必要があります。

しつけ教室を探す

あなたは、実際に子イヌをしつけ教室に入れる前にいろいろな教室を見学され、もう何を期待するべきかわかっていらっしゃると思いますが、ここにいくつかヒントを書いておきます。

金属製の首輪など体罰を与える器具を使って、子イヌをおびえさせたり傷つけたり、痛めつけるようなことを勧めるしつけ教室は避けることです。イヌを押したり引いたり、リードを無理に引っ張ったり、イヌをつかんで振り回したり、アルファ・ロールオーバーをしたり、支配テクニックを使ったりするのは、逆効果かつ不快であるばかりか、現在では効果もないと考えられています。しかし、ありがたいことに、こうした旧式な方法はほぼ過去のものと言っていいでしょう。

忘れないでいただきたいのは、あなたの子イヌだということです。子イヌの教育・安全・衛生はすべてあなた次第です。優れたしつけ教室はいくらでもありますから、見つかるまで探し続けてください。

理想的なしつけ教室は、リードをはずして子イヌ同士が十分遊べたり、遊ばせている間に、おもちゃやトリーツや楽しいゲームを使って、頻繁に子イヌをトレーニングしたり静かにさせたりしているところです。リードをはずして子イヌ同士で遊ばせるのは必須ですが、それと同じくらい大切なのが、遊びの間に短いトレーニングを頻繁に入れて、興奮して気が散っている子イヌを飼い主がコントロールする練習ができるようになっていることです。また、子イヌの学習が早く、参加している飼い主が子イヌの学習の成果に満足しているところを探しましょう。そして何よりも、子イヌが楽しんでいる教室を探してください！

　判断するのはあなたですから、賢い選択をしてください。自分に合ったしつけ教室を選ぶのは、子イヌの管理上最も大切なことです。

5章：学習の期限 その5

マンハッタン・ドッグトレーニングで、コングをルアー／ごほうびに使って子イヌにオスワリを教えています（ニューヨーク州マンハッタン）。

シチズン・カニンでのシリウス式®パピートレーニング*1教室のプレイセッション中で子イヌが定期的にオスワリしておとなしくするトレーニングをしています（カリフォルニア州オークランド）。

【訳注】
*1 シリウス式 ® パピートレーニング Sirius ® Puppy Training　Dr.イアン・ダンバーが経営する子イヌのしつけ教室の名前。

6章 学習の期限 その6 外の世界

~生後5ヶ月齢までとその後~

AFTER:子イヌを飼ったあとに

AFTER

6章：学習の期限 その6

　もうそろそろ子イヌを育てるのにヘトヘトになっているのではないですか。しかし、マナーが身についてお行儀良く、十分社会化され、しっかり咬みつきの抑制もできる自分のイヌを、自慢に思われていることと思います。これからの課題は、イヌのこのすばらしい形質をそのまま維持することです。

　子イヌを管理する最大の目的は、友好的で自信を身につけた、かつ従順な子イヌに仕立て上げることです。これがうまくいけば、青年期のイヌの行動やトレーニング上の課題にもうまく対応でき、イヌ（特に雄イヌ）のほうも、青年期に直面する途方もない社会的激変に対処していけるようになります。すでに社会化され、よくしつけてあれば、あなたがこのイヌの青年期に対応するのもずっと楽です。し

かし、何が起こるか、どう対処するかを知らずに、青年期のイヌの社会化とトレーニングをずっと維持していくのは、とても難しいことです。

青年期に起こりうる変化

　行動は良くも悪くも常に変化しています。あなたが青年期のイヌのしつけを続けていれば、事態はよくなっていきますが、そうしなければ必ず悪化します。イヌが成熟して2歳（小型犬の場合）か3歳（大型犬の場合）の誕生日を迎える頃になると、行動も気質も（良きにつけ悪しきにつけ）安定する傾向があります。しかし、その年齢になるまでの間、あなたがイヌをコントロールしないでいると、イヌの気質とマナーに急に破滅的な変化が起こることがあります。ですからイヌが成熟してからでも、よくない行動や性質が現れていないかと、いつでも目を光らせていなければなりません。もしそうしたものに気づいた時は、矯正できなくなってしまう前に、つぼみのうちにすぐに摘み取らなければなりません。

6章：学習の期限 その6

　イヌの青年期は全てが崩壊し始める時期で、安定した成犬期に入るまで集中して努力を継続しないと大変なことになります。イヌの青年期は決定的な時期なのです。この時期にイヌの教育をおろそかにしていると、すぐにマナーができていない、社会化不足の、興奮しやすいイヌを抱え込むことになります。以下が注意しなければならない点です。

　「家庭のエチケット」は次第に悪化していく可能性があり、特にイヌが身につけた排泄のしつけやよい行動をあなたが当然だと考え始めると、さらに悪化が進みます。しかし、幼犬期の早い時点でしっかりとしつけておいたなら、正しい家庭のエチケットがくずれ始めるのはずっと遅くなり、排泄のしつけが特に難しくなりがちな老犬期まで持ち越すことができるでしょう。

　「基本マナー」は子イヌが青年期に突入すると一気に悪化する危険があります。幼犬期にはルアー／ごほうびトレーニングは簡単でした。それは、当時の子イヌにとっては、あなたは太陽であり月であり星であり、この世の全てだったため、オイデ・ツイテコイ・オスワリ・フセ・タテ・マテ・ロールオー

バーも喜んで学び、あなたを尊敬して注目してくれたのです。しかし今ではあなたのイヌの興味は、他のイヌのお尻を調べたり、草の上に落ちている他のイヌの糞尿の臭いを嗅いだり、何かわからない匂いのする物を転がしたり、リスを追いかけたりという、成犬がもっと面白いと感じるものに移ってしまっています。そして、あなたのイヌの興味を引くものは、すぐにトレーニングのじゃまになり始め、そのうち呼ばれても他のイヌのお尻を嗅ぐのに夢中で、走ってこなくなるでしょう（何てことでしょう。あなたよりも他のイヌのお尻のほうがいいなんて！）。突然イヌはオイデも、オスワリも、静かにしなさいも、マテも聞かなくなってしまい、代わりに跳びついたり、リードを引っ張ったり、すぐに異常に興奮するようになります。

「咬みつきの抑制」はイヌが大きくなって顎の力が強くなってくると、次第にあやしくなってくるものです。他のイヌと取っ組み合いができる機会を十分に与えてやったり、ドライフードやフリーズドライ・レバーを手から与えたり、定期的にイヌの歯磨きをしてやるのが、青年期のイヌの甘咬みを維持す

るのに一番良いレッスンです。

　「社会化」は青年期に悪化することがよくあり、これは時として、驚くほど突然起こる場合もあります。イヌは成長するにつれ、見知らぬ人や馴染みのないイヌと会う機会が減ってきます。しつけ教室やパピーパーティーはもう過去のものになってしまい、イヌが生後5−6ヶ月齢になる頃にはたいていの飼い主の生活に変化がなくなっています。家ではいつも見慣れた友人や家族と過ごし、散歩に連れて行ってもらえたとしても、いつもの道を通っていつものドッグパークに行き、いつもの顔ぶれの人やイヌに会うだけです。その結果、青年期のイヌの多くが見知らぬ人やイヌに対してどんどん脱社会化[*1]していきます。そして最終的には、小さな友人の輪の中での付き合いにしか耐えられなくなります。

　もしあなたの青年期のイヌが定期的に外に連れ出してもらっておらず、家に見知らぬ人が来ることもなければ、脱社会化は恐ろしい勢いで進んでしまうかもしれません。生後5ヶ月齢の頃にはちょっと怖がりで、人にあいさつする時モジモジする程度だったイヌが、生後8ヶ月齢にもなると防衛的になり、

自信を喪失してしまいます。そのため、吠えて後ずさりしたり、空咬みしたり毛を逆立てて跳びついたりします。以前は友好的な青年期のイヌだったのが、急に何の前触れもなく、家に来たお客さんにおびえきってしまったりするのです。

　子イヌの社会化は、青年期のイヌの社会化を安全かつ楽しく続けていくための前提として必要でした。しかし、青年期になっても定期的に見慣れない人たちに会い続けなくてはなりません。そうしなければ、イヌはどんどん脱社会化していってしまいます。またこれと同様、青年期の社会化がうまくいけば、あなたは成犬になってからの社会化も安全かつ楽しく続けていくことができます。このように、社会化は継続的なプロセスなのです。

社会化されたあなたの子イヌをさらにその状態で保つには、定期的に散歩や近くのドッグパークに連れて行くことを一番お勧めします。

また、青年期には他のイヌに対する社会化も悪化します。特に、超小型犬や超大型犬においては時にびっくりするような速さで脱社会化します。第1に、どんなイヌともうまくやっていくよう教えるのは難しいことです。イヌ科の野生動物（オオカミ、コヨーテ、ジャッカルなど）は、群れの中に見知らぬ動物が入ってくることをまず歓迎しません。しかし、これこそイヌ科動物の習性です。第2に、どんなイヌとも親友になれると考えるのは現実的ではありません。人と同じで、やはりイヌにも特別な友だち、ただの知り合い、あまり好きでないイヌがいるのです。第3に、イヌ（特に雄イヌ）にとってケンカをするのは全く自然なことです。実際、一生に一度も咬みつき合いのケンカをしたことのない雄イヌはほとんどいません。幼い子イヌがしつけ教室やドッグパークで遊んでいた時には何の問題もなくても、青年期のイヌの場合はケンカや言い争い、ケンカ遊びすらも非常に真剣になってきます。

　イヌが青年期になって初めてするケンカは、他のイヌに対する社会化を終わらせるきっかけになることがよくあります。これは特に超小型犬と超大型犬

あなたのイヌには、初めの数回はドッグパークに行くのも少し怖いことかもしれません。ですから、子イヌが隠れたり、あなたの助けを求めても問題ありません。子イヌに少しでも危険を感じたら、すぐに子イヌを抱き上げてやりましょう。でも、それ以外の場合は、子イヌが隠れている時に、なだめたりなでてしまって、あなたへの依存行動を無意識に強化しないようにします。そうする代わりに、他のイヌや人に子イヌを誘ってもらい、子イヌが外に出てくる気にさせ、隠れ場所から出てきたらいつでも熱心にほめてやりましょう。

の場合に当てはまります。気持ちはわかりますが、小型犬の飼い主は、自分のイヌの安全を気遣うあまり、大型犬とは一緒に走らせたがらないようです。すると社会化は後退し始め、この小型犬はどんどん怒りっぽく、ケンカ早くなっていきます。これと同様に、大型犬（特に作業犬種）の飼い主も、当然ながら自分のイヌが小型犬にケガをさせるのではないかと心配します。ここでもやはり社会化が悪化の一途をたどり、この大型犬はどんどん怒りっぽく、ケンカ早くなっていきます。これはもう悪循環です。

6章：学習の期限 その6

イヌが社会化不足になってくるとケンカする可能性が増し、さらに社会化不足が進むのです。

「あの子ったらいつでもケンカしてるのよ！
まるで他のイヌを殺そうとしてるみたい！」

　イヌ同士のケンカはすごい勢いの大騒ぎなので、見ている人にとってはとても恐ろしく感じられるかもしれません。特にイヌの飼い主にはそうです。事実、イヌ同士のケンカほど飼い主をいらだたせるものはありません。従って、飼い主が、イヌのケンカがどれほど真剣なものかを判断する時はできるだけ客観的に見なければなりません。そうしないと、たった1回ケンカしただけでそのイヌの社会化が終了してしまいかねません。ほとんどの場合、イヌのケンカというのは決まりきったもので、コントロールがきいていて、比較的安全なのです。ですから飼い主が適切な対応をすれば、解決の見通しは明るいと言えます。しかし、逆に飼い主が非合理的で感情的な応対をしてしまうと、このケンカは飼い主にとっ

て腹立たしいばかりか、イヌの側の問題をさらに悪化させてしまうことになりかねません。

　イヌ、特に青年期の雄イヌにとって、威嚇したり、にらみつけたり、うなったり、歯をむき出したり、空咬みしたり、あるいはケンカしたりすることは、非常によくあることです。これは「悪いイヌ」の行動ではなく、イヌの通常の行動を表しているにすぎません。イヌは苦情の手紙を書いたり、弁護士に電話したりはしません。うなったりケンカしたりするのは、青年期の雄イヌの特徴で、潜在的な自信のなさを示している場合がほとんどです。時間をかけて社会化を続ければ、普通青年期のイヌは自信を身につけ、ケンカしてわざわざ自分が強いことを証明する必要は感じなくなります。ケンカしたイヌを飼い主が自信を持って継続的に社会化させるには、自分の「ケンカ犬」が危険ではないと信じなくてはなりません。あるイヌが人をいらだたせたり、たまらなく厄介な存在になることがあったとしても、だからといってこのイヌが他のイヌを傷つけるというわけではありません。うなったりケンカしたりするのは、発達上正常な行動ですが、他のイヌを傷つけること

はそうではないのです。

　まず第1に、問題の深刻さを正確に把握してください。第2に、自分のイヌがケンカした時あなたが適切な対応ができるようにしなくてはなりません。そして、イヌがケンカしなかった時にも、適切な対応をしなくてはなりません。

　実際に問題があるかどうか見極めるためには、自分のイヌの咬みつきとケンカの比率を求めることです。このためには、次の2つの問いに答えなくてはなりません。

(1) あなたのイヌがこれまで何回ケンカに巻き込まれたか。

(2) そのうち相手のイヌが動物病院にかつぎこまれる結果になったケンカは何回あったか。

　1歳か2歳の雄イヌの場合、咬みつきとケンカの比率はたいてい 0：10 です。すなわち、取っ組み合いのケンカが10回あったとしたら、そのうち相手が動物病院に連れて行かれたのは0回ということです。この場合はたいした問題ではありません。10回ケンカして1回も相手に負傷させることがなかったのですから、明らかにこのイヌは相手のイヌを「殺そう」

などとはしていません。本気であればケガをさせていたはずです。その上、毎回このイヌは"イヌのケンカに関するルール"にのっとって、相手のイヌの首筋・首・頭・マズルは避けています。派手なケンカをして、片方のイヌが相手の喉の柔らかい部分をつかんだけれどケガはさせなかったということは、咬みつきの抑制が利いている明らかな証拠です。

　これは危険なイヌではありません。単に青年期の雄イヌに特有のやり方で嫌がらせしているだけです。そう、このイヌは確かにかなり嫌なやつかもしれませんが、咬みつきの抑制（幼犬期に確立した）がしっかりできていますから、他のイヌを傷つけたことはないのです。これは安定した咬みつきの抑制が身についている証拠（ケンカ10回のうち相手にケガを負わせたのは0回で、ケンカのルールに従っていたこと）ですから、このイヌが他のイヌを傷つけることはまずないでしょう。

　ケンカすることは悪い知らせですが、通常良い知らせにもつながります！　あなたのイヌが相手を傷つけることが決してないのであれば、毎回のケンカでそのイヌに咬みつきの抑制ができていることを証

6章：学習の期限 その6

明しているのですから！ あなたのイヌは自信がなくて社交上のたしなみにも欠けるかもしれませんが、少なくとも顎の力は安全です。危険なイヌではありません。ですから、問題の解決はかなり簡単です。もっとも、あなたばかりか他のイヌやその飼い主も同じくらいイライラさせているのですから、迷惑なイヌであるのには違いなく、絶対にトレーニングのやり直しが必要です。"攻撃的なイヌ"の教室か"難しいイヌ"の教室を見つけて、入会するといいでしょう。

　さて、一方で、もしあなたのイヌが過去にしでかしたケンカのうちで相手の肢や腹部に大ケガをさせたことがあったなら、事態は深刻です。これは咬みつきの抑制ができない危険なイヌです。明らかに、公共の場所に連れて行く時には必ずクツワをつける必要があります。治る見込みは薄く、矯正はやっかいで時間もかかり、ことによったら危険かもしれません。専門家の助けを必要としますが、たとえそうしても必ず矯正ができるという保証はありません。各種の行動問題の中でも咬みつきの問題は、その予防が簡単なのに比べて最も矯正が難しいからです。

咬みつきの抑制が全くできないケンカ好きの成犬を矯正するのは一番厄介ですが、幼犬期に予防するのは簡単で努力もいらず、楽しいものです。単に子イヌをしつけ教室に入会させ、ドッグパークに定期的に連れて行くだけでいいのですから。あなたがイヌにケンカしてもらいたくなければ、ケンカしてほしくないことをイヌに伝えることです。そうしないで、ただ青年期になってケンカを始めるまで待っていてはいけません。具体的には、子イヌが他のイヌに友好的にあいさつするたびに必ず子イヌをほめて、ごほうびを与えるようにしましょう。生後4ヶ月齢の無邪気でモジモジするオスの子イヌに、ケンカしないからといって毎回ほめてごほうびまでやるなんて、ばかげていると思われるかもしれません。しかし、ケンカが深刻な問題になる前にこうしておくのが一番いいのです。

6章：学習の期限 その6

青年期がうまくいく秘訣

　イヌが正しい場所に排泄するたびに、必ずいつもほめて、いくつかフリーズドライ・レバーを与えるようにしましょう。イヌのトイレ場所にトリーツの入った容器を置いておくようにします。どうせそこまでついて行って、イヌの糞を片付けなくてはいけないのですから（糞にウジ虫が何百匹もわいてくる前に）。忘れないでください。あなたはイヌにトイレ場所で排泄してもらいたいのであり、たとえ老人性失禁になってしまったとしても、積極的にトイレ場所で排泄しようという気になってもらいたいのです。
　これと同様、食べ物を詰めたコングを1日1個使えば動物行動学者はいりません。イヌは家でひとりぼっちの間、暇をつぶすのに何か作業療法を必要とします。破壊的に噛んだり、むだ吠えをしたり、極端に興奮するといった問題を予防したり、退屈やストレスや不安を緩和したりするのに、最も効果的な方法は1日の給与量のドライフードをコングいくつかに詰めて与えておくことです。

あなたの青年期のイヌがいつも従順で喜んで従うイヌにしておくためには、短いトレーニング、特に緊急時のオスワリとしばらくの時間おとなしくさせることを、散歩や遊びの合い間に、あるいはイヌの好きな毎日の活動に組み込むことが必要です。青年期にずっとイヌのマナーを維持することは、方法さえ知っていれば簡単なことです。しかし、知らないととても難しいことになります。「散歩中にトレーニングをする」(211ページ)と「トレーニングとライフスタイルを組み合わせる」(238ページ)の項をご覧ください。

　万一社会化がうまくいかず、イヌが空咬みしたり、跳びついたり、歯を立てた時には、子イヌの頃にしつけ教室へ連れて行き、そこで確実な咬みつきの抑制だけは学ばせておいて良かったと思うはずです。またこの場合、イヌの防衛的行動が他者に危害を加えることはないとはいえ、同じようなことが起こる前にこのイヌには矯正的な社会化プログラムを直ちに行い、咬みつきの抑制のレッスンを続けたほうがいいことを警告しています。いつかは同じことが起こりますから。特に期限を設けずに咬みつきの抑制

レッスンを続けていきましょう。時々手からイヌにフードを与え、定期的にマズルと歯を調べておきましょう（できたら歯磨きもして）。

　よく社会化された成犬になる秘訣は、少なくとも1日1回は散歩に連れて行き、週に数回はドッグパークに連れて行くことです。できたら別の散歩コースやドッグパークをみつけましょう。そうすれば、あなたのイヌはいろいろなイヌや人に会うことができます。社会化というのは、見慣れないイヌや人とうまくやっていけるようにすることです。そのためには、見慣れない人やイヌと日常的にひたすら会い続けることです。そして、あなたのイヌが見慣れないイヌや人と会うたびに、ほめてドライフードを与えましょう。

　また、少なくとも週に1回は友だちを家に招いて、あなたの社交生活の充実に努めることも忘れないでください。これは友だちにあなたのイヌのトレーニングにずっと協力してもらうためです。また、友だちにはあなたのイヌに会ったことのない人を一緒に連れて来てくれるように頼みましょう。

　パピーパーティーを開いて、しつけ教室やドッグパークであなたのイヌが仲良くしているイヌを招待

します。成犬、大型犬、非友好的なイヌにも会うことになる大きなイヌの世界の、ちょっと恐ろしい面にも馴染めるように、あなたの青年期のイヌが一番仲良しのイヌたちと社会化し、遊べる機会を定期的に作ってやりましょう。

イヌ社会でのあいさつは、ふつう相手の性器を調べ合うことです。イヌの嗅覚に訴える「名刺」とも言える性器の臭いを「読む」ことから、ふつうは遊びが始まります。あなたの子イヌが他のイヌにあいさつするたびにほめてやりましょう。しかし、子イヌの友好的なあいさつを当たり前と思ってはいけません。ほんの数ヶ月もすれば、下手をすると数週間後には、このイヌはケンカを始めかねません。イヌにケンカに巻き込まれてほしくないのなら、「他のイヌにあいさつして仲良く遊んでくれると、とても嬉しい」ということを、イヌによく教えなければなりません。

6章：学習の期限 その6

イヌの散歩

　子イヌを安全に外に出せるようになったらすぐに散歩に連れて行きましょう。何回も連れて行きます。社会化レッスンとしてもトレーニングレッスンとしても、散歩ほど適したものはありません。おまけにイヌの散歩は健康にも心臓機能にも精神にもいいものです。イヌを散歩させてあげて！　首輪にはピンクのリボンなんかをつけて、何人が笑いかけてくれるか、何人の新しい友だちができるか見てみましょう。イヌの社会化はあなたの社交生活にも良い影響を与えます。

子イヌと散歩することは、社会化にもトレーニングレッスンにも最高です。それに、あなたにとっても最高の運動になります。

散歩中に排泄のしつけをする

　ご自分の庭がなければ、イヌを散歩に連れて行くのは必ず排泄したのを確認してからにします。これによって、散歩は正しいことを正しい場所で正しいタイミングでしたことに対するごほうびになります。こうしないで子イヌが排泄した後、楽しい散歩を終了してしまうと、排泄したことに対してイヌを罰することになってしまいます。すると、イヌは散歩を長引かせようとして、排泄を我慢し始めるでしょう。

　子イヌにリードをつけて家を出たら、あなたはじっと立ち止まって子イヌにぐるぐる回らせて辺りの匂いを嗅がせておきます。そのまま4-5分待ってやりましょう。子イヌがそこで排泄しなければ家に戻って、また後から試します。その間、子イヌを短時間、居場所を制限する場所に入れておきます。もし予定時間内に子イヌが排泄したら、子イヌをいっぱいほめて、ごほうびにトリーツを与え「散歩だよ」と言って、さあ出かけましょう。この"ウンチなし

6章：学習の期限 その6

なら散歩なし"という単純なルールに従えば、すぐにイヌがすばやく排泄するようになるのがわかります。

　イヌに散歩の前に排泄するよう教えることには、さらに特典があります。排泄の跡を片付けて自宅のゴミ箱に糞を捨てることができたら、散歩中に掃除するよりずっと簡単です。それに、すっきりした子イヌを連れて何も持たずに散歩に行くほうが、糞入れの袋をぶら下げて散歩するよりずっとリラックスできるでしょう。

散歩に出かける前に、必ず子イヌに自宅の庭か玄関を出たところで排泄させましょう。すぐに排泄したイヌにとって、散歩は最高のごほうびです。

散歩中に社会化させる

　散歩中には必ず数回タイムアウトを入れます。まだ若いイヌをせきたてて、いきなり世の中の環境に放り込んではいけません。イヌに十分時間を与えて、世界がどのようにまわっているかを落ちついて眺めさせることです。あなたが立ち止まるたびに、食べ物が詰まったコングを与えれば、子イヌはすぐにおとなしくなります。

　絶対にイヌの安定した気質を当然のものだと思ってはいけません。すばらしい戸外も怖い場所に変わることがあり、イヌがびっくりしておびえるようなことはあるものです。一番いいのはこうした問題を

予防することです。散歩中にイヌに手から夕食分のドライフードを与えることで、イヌが人や他のイヌの往来に対して良い印象を持つようになります。車、大型トラック、うるさいバイクなどが通るたびに、イヌにドライフードを1粒与えましょう。人や他のイヌが通りかかった時には、2、3粒与えましょう。イヌが友好的な態度で他の人やイヌにあいさつしたら、今度はほめてフリーズドライ・レバーを与えます。また子どもが近づいてきたら、必ずイヌをほめて、おいしいフリーズドライ・レバーを3つ与えましょう。そして子どもがスケートボードやオフロードバイクに乗ってヒューッと通っていったら、袋に残っているドライフードを全部イヌに与えてしまいましょう。

　誰かがあなたのイヌに会いたがったら、まずドライフードをルアー／ごほうびとして使ってオイデとオスワリをさせる方法を、その人たちに教えます。また見知らぬ人に頼んで、子イヌがあいさつしようとオスワリをした時だけドライフードを与えてもらいます。イヌには初めから、人に会ったりあいさつする時には必ずオスワリをするよう教えておくのです。

> 排泄したからと安心して手ぶらで出かけたら、散歩中にイヌに糞をされることもあります。糞をすくうのに草木やスケジュール帳を破って使うことにならないように、忘れずにイヌのリードには予備のビニール袋を輪ゴムで留めておきましょう。

散歩中にトレーニングをする

　イヌが生後5ヶ月齢になったら、幼犬期はおしまいです。そして、あなたはイヌがどれだけすごい力で引っ張ることができるか認識し始めるでしょう。イヌはいろいろな理由でリードを引っ張ります。先を歩いているイヌはいつも視界が広く開けています。ですからリードをピンと引っ張ると、飼い主の意思を伝える"電線"のようなもので、これをもとにイヌは好きなだけ周りを見回したり、周りで何が起こっているのか調べたりします。どうやら本質的に、イヌにとってリードを引っ張って歩くのは楽しいことのようです。それで、みんなイヌにリードを引っ張らせてしまいます。リードがピンと張るたびに、イヌはもう1歩前に出て、もっとわくわくする、常に変化する嗅覚の世界を探ろうと躍起になりま

6章：学習の期限 その6

す。そうして、毎回リードをピンと引っ張るたびに、イヌがリードを引っ張ることが恐ろしく強化されていきます。

　以下はイヌにリードをつけておとなしく歩くことを教える上で、あなたが「すること」と「してはいけないこと」です。

すること：最初から、家や庭でリードをつけて歩く練習をしておき、子イヌが外出できる月齢になったら散歩に連れて行きます。

してはいけないこと：リードをつけて散歩に行くのを、イヌが青年期に入ってしまうまで待っていてはいけません。通る人をびっくりさせたいのなら別ですが。

すること：短時間（15－30秒）イヌにあなたのすぐ横を歩かせることと、少し長めの時間（1分くらい）イヌをうろつかせ、物の匂いを嗅がせてやることを交互に行います。そうすればイヌはあなたのすぐ横を歩いていれば、次に自由にうろついて匂いを嗅ぎまわらせてもらえると知って、あなたのすぐ横を歩く行動が強化されます。

してはいけないこと：青年期のイヌ（または成犬）がいつまででもツケをしてくれるものと思ってはいけません。イヌはそのうち、ツケをしている間はうろついたり匂いを嗅ぎまわったりできないことを学習します。そして、もうツケをするのが嫌になってしまい、楽しい時間を奪われたと、トレーニングとトレーナー（あなた）を恨むようになります。

すること：リードをつけて引っ張るトレーニングをすることを考慮しましょう。なぜなら、リードを引っ張ることは、問題になるのではなく問題の解決策になるのです。つまり、リードを引っ張ることを、イヌがあなたのすぐ横について歩いたことに対する効果的なごほうびにできるのです。リードをゆるめて歩くのと、リードを引っ張って歩くのを交互にさせると、私のマラミュートなどは必死になってやります。「イェーィ！！」というわけです。また、命令でリードを引っ張らせるようにしつけておくと、険しい坂を登る時や、そり・おもちゃの車・スケートボードなどを引かせる時には最高です。

してはいけないこと：いつリードを引っ張るかをイヌに決めさせてはいけません。赤信号・青信号トレ

ーニングをやってみましょう。イヌがリードを引っ張ったら、あなたはすぐに立ち止まってじっと動かないで待ちましょう。子イヌがリードをゆるめたら、あるいはもっといいのは子イヌがオスワリしたら、また散歩を続けます。

赤信号・青信号

　なんでもない散歩が、イヌにとっては、ドッグパークでふざけ回るのに次ぐ最大のごほうびになります。散歩に行けると思っただけで興奮するイヌはたくさんいます。ですから、実際に散歩に連れて行ってもらえると、興奮がさらに高まります。その上、あなたが1歩進むごとにイヌはどんどんリードを熱心に引っ張るようになってきますし、もちろん1歩1歩がリードを引っ張る行動を強化してしまいます。しかし、幸いもっといい方法があります。この方法なら、散歩はイヌのお行儀のいい行動を強化できます。

　散歩に行く前に、お行儀良く家を出る練習をしま

す。まず「散歩だ、散歩だ、散歩だ！」と言って、イヌの鼻先でリードを振って見せます。すると、たいていのイヌはもう頭に血がのぼります。あなたは黙って立ったままで、イヌがおとなしくなってオスワリするまで待ちます。散歩が始まる前に散歩がお預けになってしまったので、イヌはあなたが自分に何かしてほしいのだろうと気がつきますが、まだ何を期待されているかはわかりません。おそらくイヌは思いもよらないような行動をして見せてくれるでしょう。ひょっとしたらイヌにできる行動は全てして見せてくれるかもしれません。熱狂的に吠えたり、チンチンしたり、跳びあがったり、フセをしたり、ロールオーバーをしたり、前足であなたをつついたり、あなたの周りを回ったりするかもしれません。しかし、オスワリをするまではどんなことをしても無視しておきましょう。どれだけ時間がかかってもかまいません。いずれはイヌはオスワリをするでしょうから、オスワリしたら、「いい子だ」と言って、リードでピシッと音を立てます。リードの音がしたら、またイヌが興奮するかもしれません。そうしたら、またオスワリするまで黙って立ったままで待ち

ます。オスワリしたら「いい子だ」と言い、ドアのほうに1歩踏み出して立ち止まり、またイヌがオスワリするのをじっと待ちます。こうして1歩ずつドアのほうに近寄っていき、1歩進むごとにイヌがオスワリするのを待ちます。ドアを開ける前にもイヌにオスワリをさせ、ドアを出たらすぐにまたオスワリをさせます。そうしたら、もう一度家に戻り、イヌのリードをはずしてしまい、座ってまた同じことを最初からやり直します。

　あなたは、イヌがオスワリするまでにかかる時間がだんだん短くなっていくのに気がつくでしょう。また、家を出るたびに、子イヌの反応が落ちついてくることにも気がつくでしょう。外出するのが3、4回目にもなると、イヌはおとなしく歩いて、すぐにオスワリをするようになるはずです。

　子イヌに「オスワリ」を無理強いしてはいけません。何の手がかりも与えてはいけません。イヌは望ましくないさまざまな行動をしている時であっても学習しているのです。つまり、あなたがしてほしくないことは何かを学んでいるのです。イヌがオスワリするまでにあなたが待っている時間が長いほど、

イヌはどのような行動が望まれないのかをよりよく学びます。そして、オスワリしてほめてもらい、ごほうびをもらう時、イヌはあなたがしてほしいことは何かを学ぶのです。

　イヌはこのゲームが大好きです。このゲームをほんの少ししただけで、イヌはどの青信号行動（たとえばオスワリ）をすればあなたが前に進んでくれるか、どの赤信号行動（その他の行動）をすればあなたはじっと動かないかを学びます。

　イヌがお行儀良く外出できるようになったら、ようやく本物の散歩に行く時です。イヌの夕食用ドライフードを袋に入れて、今日は散歩中に夕食にしましょう。手に1粒フードを持って黙って立ち、イヌがオスワリするのを待ちます。オスワリしたら「いい子だ」と言ってフードを与えます。それから大股で1歩進んで、じっと立ち、イヌがまたオスワリするのを待ちます。あなたが1歩進むとすぐにイヌは興奮して前に突進しようとするかもしれませんが、じっと動かずに待ちます。そのうちイヌはまた座るでしょう。そうしたら「いい子だ」と言ってフードを与えて、また大股でもう1歩前へ進みます。これ

6章：学習の期限 その6

を何度も繰り返すと、あなたが立ち止まるたびにイヌの反応がだんだん機敏になってくるのがわかるはずです。ほんの数回で、イヌはあなたが立ち止まるとほぼ同時にオスワリするようになるでしょう。では、今度は大股で2歩進んでから止まります。その後3歩、5歩、8歩、10歩、20歩と、1回の歩数を増やしていきます。この時にはもう、イヌがあなたのそばをおとなしく注意深く歩き、あなたが立ち止まるたびにすぐさま自動的にオスワリするようになっていることがわかるでしょう。これだけのこと全部をたった1回で教えることができたのです。その上、あなたがしゃべったのは「いい子だ」だけです。

無意識にイヌを興奮させない

あなたがたった1歩進んだだけでイヌが興奮するのであれば、イヌにリードを引っ張らせながら散歩を続けたら、イヌのエネルギーにどれだけ火をつけてしまうかわかるでしょう。ですから毎回1歩ずつから始めましょう。イヌがおとなしくなってオスワリをするまで待ち、それからまた1歩進んでください。明らかにこんな方法ではイヌのトレーニングをしながらどこかへ急いで行くのは無理ですから、イヌにリードをつけて散歩する方法を教えることだけを目的として、のんびり散歩するようにしましょう。

オスワリとおとなしくしなさい

　散歩中にたくさん短いトレーニングを組み込みましょう。20メートル歩くたびに立ち止まって、短いトレーニングをします。たとえば、立ち止まるたびに「オスワリ」と言い、イヌがオスワリしたらすぐに「行こう」と言ってまた歩き始めます。このように、あなたが立ち止まるたびに、その後に散歩を再開することが、子イヌがオスワリしたことに対する効果的なごほうびになるのです。

　ほとんどのトレーニングの長さを5秒以下にすれば、すばやいオスワリやフセ、またはオスワリ・フセ・オスワリ・タテ・フセ・タテのような姿勢の変化を強化できます。時々イヌにフードをごほうびとして与えてもかまいませんが、ほとんど必要ありません。なぜなら、イヌにとっては散歩を続けてもらえるほうがフードよりもっと嬉しいごほうびだからです。時々長めのトレーニングを組み込んで、イヌにあなたの横を毎回15－30秒間歩かせる練習をしたり、2－3分おとなしくさせることを強化したりしま

6章：学習の期限 その6

す。イヌが横になっている間、暇つぶしになるようにフードを詰めたコングをイヌに与え、あなたは新聞でも読んでいましょう。

食べ物を詰めたコングは、ルアーとしてイヌにオスワリやフセを教えるのにも使えますし、あなたが新聞を読んでいる間イヌを遊ばせておくのにも役立ちます。

　ここで説明したテクニックで1回トレーニングをしてみるだけで、あなたのイヌの行動は矯正されマナーも改善してきます。1キロ半ほど歩く間にトレーニングを約70回行えば、1回散歩をするだけでどんなトレーニング上の問題でも解決できます。初め

の数回は、散歩中に興奮しているイヌにあなたのほうに注意を向かせて落ちつかせるのには苦労するかもしれませんが、4-5回目になれば楽になるでしょう。4-5キロ楽しく散歩したら（この間に200回くらいトレーニングを入れて）、イヌはもう非の打ちどころがなくなっているでしょう。

なぜこのテクニックがそんなにうまくいくのかには2つ理由があります。

1. 散歩を中断してトレーニングを何度も繰り返すと、あなたが一番恐れていることに嫌でも直面し、それを克服することができるようになります。こうしたトレーニングの繰り返しには問題解決作用があるため、差し迫ったトレーニング上の問題がすぐに解決できます。たとえば、あなたの抱えている問題はイヌがおとなしくしないということではありません。実はイヌはおとなしくすることはするのですが、非常に時間がかかったり、ほんのたまにしかしなかったり、気が向いた時だけおとなしくするというのが問題なのです。あなたはイヌに「おとなしくする」ように要求したらいつでもすぐにおとなしくし

6章：学習の期限 その6

てもらいたいのです。そのためには、ここで説明したように、散歩中にたくさんのトレーニングを組み込んで、何度も繰り返して練習してください。イヌの反応は練習するたびに徐々に早くなってくるでしょう。最終的には学習して、すぐさま従うようになるはずです。

2. ほとんどの飼い主は、台所やしつけ教室のような決まった場所1-2ヶ所でしかトレーニングをしません。そのため、台所ではよいイヌ、教室ではお行儀のよいイヌになります。しかし、散歩中やドッグパークでは言うことを聞いてくれません。おそらくイヌは「オスワリ」というのは台所や教室でするものと思っているのでしょう。なぜなら、これまでオスワリのトレーニングをしたのはその2ヶ所でだけだからです。しかし、1キロ半の距離で70回もトレーニングをすれば、毎回の練習がいろいろな気の散るものがあるさまざまな環境で行われることになります。たとえば静かな道で、人通りの多い歩道で、緑の小道で、広い野原で、学校の近くで、ドッグパークの遊び場でといった具合です。そうする

と、イヌはどんな場所でも、その時何をしていても、何が起こっていても、あなたに指示されたら喜んで従うことを覚えます。イヌは「オスワリ」の命令はいつでもどこでも座ることだと普遍的に考えられるようになるわけです。

ここで説明したレッスンをすれば、あなたの子イヌは、どんなに興奮したり気がそれていても、1回要求しただけですばやくオスワリをしてすぐに落ちつくようになります。その上、イヌは「フセ」と言われてもそれで全てがおしまいになるわけではない、散歩が終わってしまうわけでもないと学習しているため、自分から喜んでおとなしくできるのです。イヌは「おとなしくしなさい」はやさしくほめてなでてもらえるくつろぎのタイムアウトで、すぐにまた楽しい散歩が始まることがわかっているのです。

あなたのイヌがマナーを身につけたら、田舎道にせよ郊外の歩道にせよ、興奮しやすいイヌだった頃よりも早く上手に散歩できるようになったことがわかるでしょう。これであなたはイヌに引っ張られてあちこちを歩かされるのではなく、予定通りの道を、しかもイヌを引っ張らずに歩けるようになります。

車の中でトレーニングをする

　車の中で練習することも忘れないようにしましょう。これも散歩で使ったのと同じテクニックを使います。数日間は、あなたが車の中で新聞を読んでいる時に、イヌに食べ物を詰めたコングを与えておとなしくするよう指示しておきます。1分おきくらいにトレーニングを行い、姿勢を変えたり（オスワリ・フセ・タテなど）、場所を変えたり（後ろの席へ、前の席へ、シートベルトへ、クレートへなど）する練習をします。車の運転中ではなく、停車中にトレーニングをするほうが楽でしょう。イヌが毎回要求にすばやく反応できるようになったら、友だちに運転してもらってレッスンを繰り返しましょう。最終的にはイヌはあなたが運転している時でも、要求されたら喜んで従うようになるでしょう。

　あなたのイヌが車の中だろうと、散歩中だろうと、いつでもどこでもおとなしくできるようになったら、イヌを連れて車で出かけることができます。必ずドライフードを一袋持っていきます。あらゆるところ

イヌを車に乗せてどこかへ行く前に、停車中の車内で必ず子イヌに「オスワリ」と「おとなしくしなさい」、「吠えろ」と「シィーッ」を教えてください（「吠えろ」を教えると「シィーッ」を教えるのが簡単になることをお忘れなく）。

に連れて行きましょう。町へ用事があって、あるいは銀行に、ペットショップに、おばあちゃん家に、友だちのところに、近所の探検に、ちょっとドライブにといった具合です。そしてここでも、必ずドライフードを一袋持っていき、他のイヌや人が近づいてくるたびにフードを与えます。やがて、ドッグパークでピクニックをしたり、もっと長い散歩もできるようになります。また、見知らぬ人に声をかけてドライフードを渡し、イヌにあいさつの仕方をしつけてもらいます。つまり、オスワリをさせて、ごほうびにフードを与えてもらいます。

ドッグパークでトレーニングをする

ドッグパークでの遊ばせ方次第では、青年期のイヌを簡単にコントロール不可能にしてしまいます。遊びを中断しないでイヌに勝手に遊ばせてしまうと、すぐにイヌの注意を引けなくなり、全くコントロールできなくなります。一方、トレーニングと遊びを組み合わせれば、いつでもすぐにリードなしで遠くからでもコントロールができるようになるでしょう。

呼ばれても来ないようにイヌをしつける

イヌにチンチンやオスワリもさせずに、リードをはずして自由にさせてしまう飼い主がたくさんいます。イヌは遊びたくて興奮して、跳ね回ったり吠えたりしていることがよくあります。そこでリードをはずしてしまうと、この騒々しい行動を強化してしまいます。イヌは自由になった嬉しさで、喜んで走り回ったり、物の匂いを嗅いだり、イヌ同士で追い

かけっこをしたり、狂ったように一緒に遊んだりします。飼い主たちはそれを見ながらおしゃべりをします。そのうち帰る時間になります。ある飼い主が自分のイヌを呼ぶと、イヌは駆け寄ってきます。飼い主がリードでパシッと音をさせると遊びの時間は終わりになります。

　このように事が運ぶのは初めの1、2回だけで、次からは予測できることではありますが、ドッグパークで飼い主に呼ばれでも、イヌはもうそっちに行きたいと思わなくなっています。なぜなら、呼ばれた時飼い主のところに行くのと、ドッグパークで歩き回る最高に楽しい時が突然終わってしまうことには関連があると気づくからです。次にドッグパークに行った時には、イヌは頭を垂れていやいや寄ってくるようになります。飼い主は完全にイヌのリコールしたい気持ちを失わせてしまっており、知らず知らずのうちに、呼ばれても来ないようにイヌをしつけているのです。

　実際、リコールの反応が遅くなったと思ったらすぐに、リコール自体しなくなってしまい、「捕まえられるもんなら捕まえてみな！」と逃げて楽しみを長引かせようとします。飼い主はいらいらし、「このやろう、

こっちへ来い！」とイヌを怒鳴りつけて呼び戻そうとします。そしてもちろんイヌはこう思うでしょう、「やなこった！　そんな大声で意地悪な言い方をした時は機嫌が悪いことはわかってるんだ。今近づくなんてバカなことするもんか。どうせちゃんとほめてごほうびをくれる気なんてないんでしょ」と。でもあなたはイヌにそんなことはしませんよね？

呼ばれたら来るようにイヌをしつける

　そうではなく、イヌの夕食用のドライフードをドッグパークへ持って行きましょう。イヌを遊ばせている間に、1分おきくらいにイヌを呼んでオスワリをさせ、ドライフードをごほうびに与えて、その後また遊びに行かせます。イヌはすぐに、呼ばれたら飼い主のところに行くのは楽しいタイムアウトで、おやつを少しもらって、ほめられて抱きしめてもらえ、また遊びが続けられることを学びます。同時に、イヌは呼ばれた時に飼い主のところに行っても、そ

れが遊びの時間の終わりというわけではないと信じられるようになります。こうしてあなたの子イヌの熱心なリコールは町中の話題になることでしょう！
リードをはずして遊ばせることを終わりにする時がきたら、私はイヌのショックを和らげるために「コングを探しに行こう！」とイヌを誘うようにしています。ドッグパークに行く前に、いつもフードを詰めたコングを車内と家に戻った時に用意しておき、とっておきのおやつにします。

　これ以外にも、イヌに緊急時のオスワリやフセを教えることを検討されてもいいでしょう。これは緊急時のリコールより効果的なことがよくあります。いつでも確実にリコールができるようにしておくことより、確実にオスワリやフセができるように教えるほうがずっと楽です。すばやくオスワリさせることにより、あなたは直ちにイヌの行動をコントロールし動きを制限することができます。オスワリをさせてからの次の対応にはいくつか考えられます。

(1) イヌをまた遊びに戻す（緊急時のオスワリを練習していただけか、危険がなくなった時）。

(2) イヌを自分のところへ呼ぶ（周りの状況が変

化し、イヌが自分の近くにいたほうが安全だと思える時、たとえば他のイヌや人、特に子どもが近づいてきた時)。あなたのイヌはすでにオスワリをしてあなたの顔を見ている、つまり喜んで従う気をみせているため、呼んだ時来る可能性が高いでしょう。

(3) イヌにフセ・マテをさせる（状況がしばらく不安定で、イヌが走り回ったりあなたのほうに来ようとしないほうがいい時。たとえば小学生の集団があなたとイヌの間を通り過ぎている時。こんな時に子イヌを呼んだら、子どもたちがボウリングのピンのようにバラバラに倒れてしまいます)。

(4) あなたからイヌのほうへ行って、リードをつける。この時、より確実にするために警官のする停止の合図のように手を上げてイヌの注意を引きながら近づいていき、その間じっとしていたら「上手なマテだね」とずっとイヌをほめ続けます（危険が迫っており、リコールや遠くからマテを指示するのは賢明でない時。たとえば100頭ほどのヤギの群れが近づいてくるなど。

これはティルデンパークで私のマラミュートに実際に起きたことです)。

緊急時の離れたところからの「オスワリ」4段階

　リードをつけずにイヌをコントロールする秘訣は、あなたのイヌがリードをつけずに行う活動すべてに楽しいトレーニングをうまく組み合わせることです。初めから、トレーニングと遊びを完全に合体させます。約1分ごとに、イヌがリードをつけずに行っている活動を中断します。イヌに「オスワリ」などと言って、いったん楽しい活動を中断させた後、また遊びを再開させます。すると遊びの再開が嬉しいごほうびになるため、イヌがすぐにオスワリすることを強化できます。こうしてイヌの遊びの中断回数が多いほど、すぐにオスワリしたことに対するごほうびを与える回数も増えることになります。
　まず、次のレッスンを安全な（閉鎖した）場所で行います。これは、たとえば子イヌがあなたの家か庭でリードをつけずにいる時、しつけ教室で遊んで

6章：学習の期限 その6

いる時、パピーパーティーやドッグパークでリードをつけずにいる時などです。

1. およそ1分おきに子イヌのほうに駆けて行って首輪をつかまえます。子イヌをほめておいしいトリーツを与え、また遊びに行くように言います。初めは台所など比較的狭くて気が散るものがない場所でやります。次に、別の子イヌが1頭だけいる時にやってみます。あなたの子イヌをつかまえるのが難しければ、別の子イヌの飼い主にも協力してもらいます。その後、他の子イヌが2、3頭いるところでやってみます。だんだん子イヌの数を増やし、またより広い場所で行うようにしていき、最終的には、たとえばフェンスで囲った家の裏庭で遊んでいる時に、簡単につかまえられるようにします。このレッスンを初めてする時は、フリーズドライ・レバーを使えば、子イヌは首輪をつかまれるのがすぐに大好きになるでしょう。

2. 子イヌを簡単につかまえられるようになれば、使うのはもうドライフードで十分です。まず、毎回首輪をつかんでから子イヌに「オスワリ」

と言います。ドライフードをルアーに使って子イヌをオスワリの姿勢に誘導し、オスワリしたらすぐにほめ、ごほうびとしてフードを与えます。その後でまた遊びに行くように言います。

3. もう子イヌはあなたが駆け寄ってきて首輪をつかむのに慣れ、完全に安心していられるようになっているはずです。実際、遊びを再開する前にフードのごほうびがもらえることを予測し、おそらくそれを楽しみにしているでしょう。あなたは子イヌがフードのごほうびをあてにしてオスワリするのに気づくかもしれません。それはいいことです。なぜなら次の段階は、あなたが首輪をつかむ前に子イヌにオスワリをさせることだからです。子イヌのところへ走っていって、鼻先でフードを1粒揺らし、子イヌがフードに集中したら、それをルアーとして使いオスワリをさせます。オスワリしたらすぐにほめ、ごほうびとしてフードを与えます。その後でまた遊びに行くように言います。

　子イヌがオスワリをするまで子イヌには触れないことがとても大切です。我慢しきれずに子イヌを押さえつけてオスワリさせたりする飼い主がい

ますが、子イヌをオスワリさせるのに手で触って無理強いすることに頼ってしまうと、リードをつけないで安定したコントロールをすることは絶対に望めません。ここでつまずいてしまったら、また始めに戻ってフリーズドライ・レバーを使ってやり直しましょう。

4. さて、子イヌはあなたが近づいてくるとすぐにオスワリするようになりましたから、今度は離れたところからのオスワリを教えましょう。このレッスンも、他の子イヌがいるところで試す前に、気が散るもののない家でやってみましょう。椅子に座って、全く動かずにやさしく小声で「オスワリ」と子イヌに言います。ほんの少し待ってから、子イヌのほうに駆け寄っていきます。この時「オスワリ！　オスワリ！　オスワリ！」と切羽つまった調子で言いながら近づきますが、怒鳴ってはいけません。子イヌが座ったらすぐにほめてやり、首輪をつかんで、ごほうびにフードを1粒与え、それからまた遊びに戻してやります。これを何度も繰り返していくうちに、子イヌが従うまでにあなたが命令する

回数がだんだん減ってくるのに気づくはずです。また、何度も繰り返すうちに、子イヌはもっとすばやくオスワリができるようになり、もっと遠くから指示ができるようになります。最終的には、イヌは遠くから小声で一度だけ命令されただけですぐにオスワリができるようになります。

今度は、子イヌがリードをつけていない時にはいつでも、子イヌの活動を頻繁に中断して、短いトレーニングを何度も入れるようにしましょう。こうして組み込むトレーニングの9割は、ほんの1秒間でいいのです。子イヌに「オスワリ」と言い、座ったらすぐに「遊んでおいで」と言います。子イヌがすぐにオスワリをするのはあなたが子イヌをコントロールできている証拠ですから、それ以上のことをする必要はありません。時間を長引かせてオスワリ・マテにする必要もありません。その代わり、直ちに子イヌに「遊んでおいで」と言って機敏なオスワリを強化します。遊びを中断するトレーニング10回のうち1回は、ちょっと違うことを試すようにしましょう。たとえば、子イヌがオスワリしたら、「オスワ

リ・マテ」か「フセ・マテ」をするよう命令します。または、「遊んでおいで」と言う前に、イヌのところに行って首輪をつかみます。

トレーニングとゲームを組み合わせる

　トレーニングをイヌのゲームに組み込みましょう。たくさんルールがあるゲームで遊ぶと、子イヌと楽しくトレーニングでき、子イヌの頭を働かせるのに適しています。子イヌはゲームにはルールがあり、ルールは楽しいと学習します。そして、トレーニングがゲームになり、ゲームがトレーニングになるのです。

ロッキー山脈遭難救助犬のシェパード3頭が、居間で「クッキーをさがせゲーム」をしてオッソと競争しています。

イヴァンはどんな隠し場所からでも靴をサーチ＆レスキューできました。

イヴァンとオリバーは庭の隅の栃の木から吊り下がっているロープを使って、複雑な引っ張りっこゲームをするよう教えられました。イヌはゲームの仕方を教わらないと、イヌ流のルールでイヌ流のゲームを勝手に作ってしまいます。

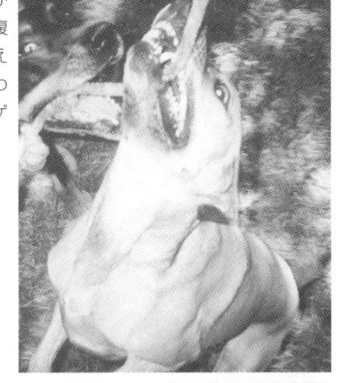

ある有名な作家が嘘をつかないイヌの本を調べている間、イヌたちは自分流の「ソファーのコングに触るなゲーム」をしています。

トレーニングとライフスタイルを組み合わせる

子イヌがどこでも反応できるようにするには、あらゆる場所でトレーニングをすることです。ひとつひとつの時間は短くていいので、毎日少なくとも50回はトレーニングの時間を作り、そのうち1、2回だけは数秒間の長さにします。ここでの秘訣は、トレーニングを子イヌとあなたのライフスタイルに完全に組み込んでしまうことです。

子イヌのライフスタイル

子イヌの散歩中やリードをつけずに遊んでいる最中に、短いトレーニング（すばやい「オスワリ」と「リリース」）を何度も組み込みましょう。すばやいオスワリをするたびに、その後すぐ散歩や遊びを再開することで、オスワリは強化されていきます。家庭犬にとっては、散歩や遊びが何よりのごほうびとなるからです。イヌにとって楽しいことをしている時すべてに短

いトレーニングを何回も組み入れてみましょう。車に乗る時、夕食の用意ができるのを見ている時、ソファーに寝そべっている時、ゲームをしている時などです。たとえば、テニスボールを投げてやる前にオスワリをさせ、子イヌがそれを回収してきたのをあなたが受け取る前にまたオスワリをさせるといった具合です。繰り返すたびに徐々にオスワリ・マテの時間を長くしていきましょう。

　同様に、子イヌにとって楽しいことをする前にも必ず短いトレーニングを組み込みましょう。たとえば、子イヌのお腹をなでてやる前にフセとロールオーバーをさせる、呼び寄せてソファーで抱きしめてあげる前にしばらくフセ・マテをさせておく、またリードをつける前、戸を開ける前、「車に乗って」とか「車から降りて」と言う前、リードをはずしてやる前にオスワリをさせるなどです。それから、夕食の前にも忘れずにオスワリをさせてください。

　遊びとトレーニングを完全に組み合わせることで、子イヌには遊びとトレーニングの見分けがつかなくなってきます。こうして楽しい時にもきちんとしたルールができ、トレーニングは楽しいものとなります！

6章：学習の期限 その6

トレーニングをあなた自身のライフスタイルに組み込む

　定期的にトレーニングをすれば、この組み合わせトレーニングが簡単で楽しいものだとわかるようになります。たとえば、あなたが冷蔵庫を開けるたび、お茶を入れるたび、新聞をめくるたび、eメールを送信するたびに子イヌを呼んで、さまざまな姿勢を要求して、それぞれの姿勢でマテをさせます。マテの長さも変えましょう。こうして、あなたが何かするたびに子イヌに単純な姿勢の変化をするよう命令すれば、自分のいつものライフスタイルを変えずに、楽々1日50回も子イヌをトレーニングできます。幼くて影響を受けやすい発達中の子イヌの学習については、あなたに責任があることを忘れないでください。子イヌの頭を働かせましょう。子イヌの持つ可能性を完全に開花させてやるのです。

　よくトレーニングできたら、あなたのイヌはもう家中を自由に駆け回ってもいいですし、たいていどこでも歓迎されます。最終的にはそのレベルも卒業

> テレビを見ている時間は絶好のトレーニングのチャンスです。食べ物を詰めたコング数個を子イヌのベッドに転がして、テレビの前に置いておきます。そうすればテレビ番組を見ながら子イヌがおとなしくしている様子を眺めていられますし、CMの間は短いトレーニングをするのに最適です。または、あなたがドッグトレーニングのビデオを見ている間、子イヌを静かにさせておき、時々子イヌにも参加させてあなたと一緒にトレーニングの練習をさせてみましょう。

オッソが「おとなしくしなさい」のレッスンに移る前に、ハンモックでオスワリ・マテを練習しています。

し、ソファーで過ごすこともできるようになるかもしれません。うちのイヌたちはほぼいつもソファーで丸まっています。テレビ番組"ディスカバリー・

6章：学習の期限 その6

チャンネル"のファンでして。時々、私はCMの間にイヌに「ちょっとそっちへ寄って」とか「新聞取ってきて」とか「チャンネル変えて」とか「居間に掃除機かけて」とか「夕食作って」とか頼んだりもします。うちのイヌはみな実によくしつけてありますからね。

フェニックスはいつでもソファーの上でセラピストを演じてくれました。

【訳注】
*1 脱社会化 desocialization いったん社会化されたイヌも、継続して社会化の機会を与えられていなければ、学習した社会性が揺らぎ始めいつか失ってしまうこと。

7章 AFTER:子イヌを飼ったあとに

宿題のスケジュール

AFTER

行動問題・しつけの問題・気質問題は幼犬期なら全て簡単に予防できます。ところが、成犬期になってしまうと、同じ問題の解決がひどく難しくなり、とても時間がかかる可能性があります。人に対する分離不安・怖がり・攻撃性は必ず子イヌが生後3ヶ月齢になるまでに予防しなくてはなりません。このため、家族や友だちにあなたが毎日の宿題をこなしているかチェックしてもらいましょう。あなたが教えなければ、子イヌは学ぶことができないのですから。

それぞれのボックスをチェックするか、必要に応じて数字を記入してください（回数、かかった時間、割合など）。宿題のスケジュールはコピーしておいて、子イヌが青年期を無事のりきるまで、1週間に1枚使いましょう。

家でひとりぼっちになる

子イヌは、あなたの家に来て最初の1週間で排泄のしつけ、家庭のマナー、ひとりになった時に退屈せずに過ごす方法を学ばなければなりません。うまくいくかどうかは、いつも子イヌが自分で学べる環境にいること（短時間／長時間の居場所の制限場所にいること）、全ての食べ物を噛むおもちゃに詰めて与える、もしくは人の手から与えること（ただで食器からガツガツ食べられるようにしない）の2点にかかっています。

子イヌが過ごす時間の割合（%）

	日	月	火	水	木	金	土
食べ物を詰めた噛むおもちゃを入れた「短時間居場所を制限する場所」にいる							
食べ物を詰めた噛むおもちゃとトイレを用意した「長時間居場所を制限する場所」にいる							
100%監視されているところで人と遊んだりトレーニングをして随時適した対応を受ける							
100%監視されているところで家の中を探索して回り随時適した対応を受ける							
誰にも監視されずに屋内と庭を探索して回る							

　子イヌを見張らずにどこでも自由にうろつかせてしまうと、子イヌは排泄物で家を汚す、噛む、吠える、掘る、逃げる、その他の予測できる一連の問題を引き起こします。

子イヌの1日の食事（ドライフードとトリーツ）をどのような方法で与えたか

	日	月	火	水	木	金	土
中が空洞の噛むおもちゃに詰めて							
見知らぬ人の手からごほうびとして							
家族や友だちの手からごほうびとして							

レッスンをした回数

	日	月	火	水	木	金	土
あなたの在宅時に長時間の居場所の制限をする							
さまざまな部屋で短時間の居場所の制限をする							

　あなたの在宅中に、時々子イヌを長時間の居場所の制限場所に入れておき、行動を監視します。子イヌがすぐにおとなしくなって噛むおもちゃを噛んで静かに過ごせるようになれば、短時間の居場所の制限場所のクレートはもう必要ありません。

	日	月	火	水	木	金	土
子イヌがトイレ場所を使ったことに対してごほうびに与えたフードの数							

これは子イヌの排泄のしつけをするのに一番手っ取り早い方法です。

	日	月	火	水	木	金	土
子イヌが食器からフードを食べた回数							

　食器のレッスン（127ページ参照）をしている場合でない限り、食器にフードを入れて与えてしまうと、噛むおもちゃに詰めるフードや、家族・友人・見知らぬ人が子イヌのトレーニング用にごほうびとして使う貴重なフードを無駄遣いしてしまうことになります。

	日	月	火	水	木	金	土
噛んではいけないものを噛む回数							
家を排泄物で汚す回数							

　子イヌが家に来てからの数週間の間に起こした失敗は、どんなものでも深刻にとらえてください。排泄物で家を汚したり、噛む問題を起こしたりする子イヌは通常裏庭に追放され閉じ込められてしまい、その結果子イヌは退屈や不安から、吠えたり掘ったり逃げたりします。早い時期に食べ物を詰めた噛むおもちゃを与えて子イヌの居場所を制限してやれば、子イヌは何を噛んだらいいか、いつ、どこで排泄したらいいかを学び、静かに落ちつけるようになります。お行儀の良くなった子イヌを屋内に入れておけば、掘ったり逃げたりする問題も予防できます。

咬みつきの抑制

	日	月	火	水	木	金	土
マウズィング遊びとケンカ遊びの回数							

　あなたが手をマウズィングされたり咬まれたりした時に、子イヌに与える適切な応対の回数が多くなるほど、子イヌは咬みつく力を抑制することを早く学びます。そうすれば、成犬になっても顎は安全になります。幼犬期から青年期を通じて子イヌのスタミナと遊びたいという欲求が強くなってくるにしたがって、あなたに対する咬みつき／マウズィングの回数も増えてきます。しかし、子イヌがあなたを痛いほど咬む回数は、生後3ヶ月半頃、ちょうど顎の力が強くなった時にピークに達し、その後は子イヌがもっとやさしく咬むことを学ぶにつれて減っていきます。

7章：宿題のスケジュール

	日	月	火	水	木	金	土
子イヌが咬みついてあなたを傷つけた回数							

　あなたが1日に痛いほど咬まれる回数は、子イヌが生後4ヶ月齢になれば大幅に減っているはずです。でなければ直ちにトレーナーに助けを求めてください。

	日	月	火	水	木	金	土
トレーニングのために1回の遊びを中断した回数 （オスワリ・おとなしくしなさい）							

　あまりに中断しすぎるのはよくありませんが、遊ぶのを中断すれば、その後遊びを再開することをごほうびとして使うことができます。

	日	月	火	水	木	金	土
あなたが見張っているところで子イヌに「音の出るおもちゃ」や「柔らかいおもちゃ」で遊ばせた回数							

　このレッスンはおもちゃを長持ちさせるのに必須のものであり、子イヌにやさしく咬むことを教えるのに最高の方法です。ぬいぐるみや音の出るおもちゃは、あくまでも噛むおもちゃではないことをお忘れなく。イヌがこうしたおもちゃを壊して食べてしまうと、非常に危険です！

　子イヌに合図で吠えること・うなることはもう教えましたか？　今こそ教える絶好の時期です。

　しつけ教室にはもう入会しましたか？　しつけ教室は子イヌが咬みつきの抑制を学ぶのに最適の管理された環境です。

自宅での社会化とトレーニング

子イヌは生後3ヶ月齢までに少なくとも100人の人に社会化されなければなりません。それは1週間にするとほんの25人、1日にして4人です。何人の人があなたの子イヌに会ったかを記入してください。

	日	月	火	水	木	金	土
子イヌに会った人の合計人数							
男性の人数							
見知らぬ人の人数							
子どもの人数							
赤ちゃん（0—1歳）の人数							
幼児（2—4歳）の人数							
子ども（5—12歳）の人数							
ティーンエージャー（13—19歳）の人数							

子イヌと子どもからは絶対に目を離してはいけません。子イヌに赤ちゃんのオムツの臭いを嗅がせましょう。赤ちゃんの顔と手は触らせないようにします。あなたが幼児の手をにぎっている状態であれば、幼児の手から子イヌにフードを与えさせてかまいません。しっかり指示して監督すれば、子どもとティーンエージャーは子イヌの最高のトレーナーになれます。

7章：宿題のスケジュール

	日	月	火	水	木	金	土
パピーパーティーの回数							
パピーパーティー1回の参加者数							
子イヌにオイデ・オスワリ・フセ・マテをしつけたお客さんの人数							
パーティーに来ていた変な人の人数							

あなたの子イヌは帽子やヘルメットをかぶった人、サングラスをかけた人、ひげを生やした人、それから変な行動や表情をしている人、じろじろ見る人、モンティ・パイソンのジョン・クリーズのような歩き方をする人、げらげら笑う人、くすくす笑う人、泣いている人、大声で話す人、ケンカのまねごとをしている人などに接触する必要があります。

	日	月	火	水	木	金	土
子イヌをつかんだ（抱きしめた／押さえつけた）人の人数							

子イヌの以下の部位を調べてからフードを与えてくれたお客さんの人数

	日	月	火	水	木	金	土
マズル							
両耳							
4本の足							
お尻							

家族が子イヌに以下のことをしてからフードを与えた回数

	日	月	火	水	木	金	土
子イヌのマズルを調べた							
両耳を調べた							
4本全ての足を調べた							
子イヌを抱きしめた／押さえつけた							
子イヌのお腹をなでた							
子イヌの首輪をつかんだ							
子イヌをグルーミングした							
子イヌの歯を調べ、歯磨きをした							
子イヌの爪を切った							
子イヌにオイデ・オスワリ・フセ・マテを教えながら手から与えたフードの粒の合計							
「オフ！」「取れ！」「やさしく！」を教えながら手から与えたフードの数							
子イヌにオイデ・オスワリ・フセ・マテをしてくれたお客さんの人数							
子イヌに「オフ！」「取れ！」「ありがとう」を教えながらフードと交換したもの（ボール・骨・噛むおもちゃ・ティッシュペーパーなど）の数							
食器のレッスンの回数							

7章：宿題のスケジュール

広い世界での社会化とトレーニング

　広くて大きい世の中は、生後3ヶ月齢の子イヌにとっては恐ろしい場所かもしれません。子イヌをせきたてて、いきなり世の中の環境にさらさないようにしてください。家やマンションの近くの人通りの少ない道を選んで、そこで何が起きているか、好きなだけ時間をかけて子イヌに見せてやりましょう。忘れずに子イヌの夕食用のドライフードをピクニックバッグに入れて持っていくようにします。こうしたピクニックを5-6回もすれば、子イヌはもう何事にも動じなくなるでしょう。「こんなのみんな経験済みさ！」と。

＊人や他のイヌが通るたびに、子イヌに手からフードを1粒与えましょう。
＊子ども、トラック、バイク、自転車、スケートボードに乗った人が通り抜けていくたびに、子イヌにフリーズドライ・レバーを1つ与えます。見知らぬ人や子どもにフリーズドライ・レバーを渡しておいて、子イヌがオスワリをしたら手から与えてもらいましょう。パピーパーティーの時に、初めのうちはお客さんに自転車、スケートボードなどの乗り物で来てもらい、子イヌを慣らしておきます。このようにすれば、怖いと感じる可能性のある刺激をコントロールしやすくなります。
＊ここで説明した方法を次の場所でも繰り返します。

　　・もっと人通りの多い道　・街中の商業区域　・子どもの運動場の近く

・ショッピングセンター　・郊外の他の動物がいるところ

また、子イヌには次のところも経験させます。

・オフィスビル　・階段　・エレベーター　・滑りやすい床

	日	月	火	水	木	金	土
子イヌに会った見慣れない人の数							
子イヌに会った見慣れないイヌの数							

　あなたの子イヌがずっと社会化を継続し、友好的でいるためには、毎日少なくとも見慣れない人3人と、見慣れないイヌ3頭に会い続ける必要があります。そうしておかないと、子イヌは青年期（生後4ヶ月半から2歳）に急に脱社会化してしまいます。

	日	月	火	水	木	金	土
散歩の回数							
ドッグパークに行った回数							
1回の散歩で立ち止まってトレーニングした（オスワリ・フセなど）回数							
1回の散歩で1分間「おとなしくしなさい」をした回数							
ドッグパークでリコールをした回数と緊急時のオスワリ・フセの回数							
子イヌが散歩の前にしたおしっことウンチの回数							
子イヌを車の中でトレーニングした回数							
子イヌが他のイヌにあいさつした後に、あなたが子イヌをほめ、ごほうびを与えた回数							

7章：宿題のスケジュール

　子イヌのライフスタイルにトレーニングを組み込むために、あなたがごほうびとして使った活動・ゲームの中で、子イヌの好きなものベスト10を挙げてください。

1. _____　6. _____
2. _____　7. _____
3. _____　8. _____
4. _____　9. _____
5. _____　10. _____

　トレーニングを簡単で楽しいものにするために、あなたが子イヌと一緒にしたゲームを挙げてください。

_____

_____

_____

	日	月	火	水	木	金	土
子イヌの行動にあなたが腹を立てた回数							
子イヌを叱ったり罰を与えたりした回数							

　計画通りにことが進まず、子イヌの学習進度に満足できないなら、直ちにトレーナーに助けを求めましょう。

8章 買い物リスト／書籍とビデオ

AFTER:子イヌを飼ったあとに

AFTER

8章：買い物リスト／書籍とビデオ

　本書で説明したことを全てやりとげられましたか？　おめでとうございます！　これでもうずっと、性格もマナーも良いイヌと末永く楽しく暮らしていけるはずです。今日はイヌにとっておきの骨をやりましょう！「いい子だ！」と。そしてご自分の肩もポンポンたいて、「よくやった！　すばらしい飼い主だぁ！」とほめてあげましょう。

買い物リスト

　あなたのイヌについての勉強が終わったら、今度は飼おうとする子イヌのために買い物をする時です。いろいろなしつけの本、ペットショップ、イヌのカタログにはイヌ関連商品やしつけ用品が満載で、あまりの多さに圧倒され困ってしまいます。ですから、ここに必須アイテムを挙げ、私の個人的なお薦め品を（　）に記載しておきました。

1. クレート（ペットシャトル、ペットケイジ）。運動用の囲いや、赤ちゃんが入って来れないようにするゲートがあってもよいでしょう。20ページ参照。
2. ドッグフードとトリーツを詰める噛むおもちゃ（コング製品や骨）最低6個。21、35ページ参照。
3. イヌ用トイレ
4. 水入れ
5. ドッグフード。あなたの子イヌが家にやって来てから数週間は、子イヌにはすべてのフードを噛むおもちゃに詰めて与えるか、社会化としつけのごほうびとして手から与えるようにしましょう。食器を買い与えるのは、子イヌの社会化としつけが完了し、非の打ちどころがないマナーを身につけてからにします。
6. フリーズドライ・レバー。男性、見知らぬ人、子どもがあなたの子イヌの信頼を得られるように。また、排泄のしつけのごほうびとしても。
7. 首輪とリード。

書籍とビデオ

　ほとんどの書店やペットショップには、途方にくれるほどいろいろなイヌの書籍やビデオが並んでいます。この結果、米国では多数のドッグトレーニング協会が、これから子イヌを飼おうとする人に一番ためになると思うものについてアンケートをとりました。以下に、ドッグフレンドリー・ドッグトレーナーグループが投票で選んだベスト5あるいはベスト10を挙げておきました。また、（　）の中に記したのは、世界最大のプロの飼い犬のトレーナー協会であるペットドッグトレーナーズ協会（APDT）と、カナダ・プロフェッショナル・ペットドッグトレーナーズ協会（CAPPDT）によるランキングです。

　これらの書籍やビデオのほとんどは、子イヌの育て方の実践的なガイドであり、主にトレーニングに関する有益なヒントやテクニックを取り扱ったものです。これに加えて、特にイヌと一緒に楽しみたい人向けのリストと、イヌの行動や心理についてもっと知りたい人向けのリストも、私が作成して挙げておきました。

8章：買い物リスト／書籍とビデオ

ビデオ部門　ベスト5

1. Sirius Puppy Training ― Ian Dunbar
   James & Kenneth Publishers, 1987.（CAPPDT：1位　APDT：1位）
   『ダンバー博士の子犬の上手なしつけ方』として発売中。

2. Training Dogs with Dunbar ― Ian Dunbar
   James & Kenneth Publishers, 1996.（CAPPDT：2位　APDT：4位）
   『ダンバー博士の"ほめる"ドッグトレーニング』として発売中。
   問合せ先：レッドハート（株）　電話：078-391-8788（代）
   URL:http://www.redheart.co.jp

3. Training the Companion Dog(4 videos) ― Ian Dunbar
   James & Kenneth Publishers, 1992.

4. Dog Training for Children ― Ian Dunbar
   James & Kenneth Publishers, 1996
   『ダンバー博士のこどもは名ドッグトレーナー』として発売中。
   問合せ先：レッドハート（株）　電話：078-391-8788（代）
   URL:http://www.redheart.co.jp

5. Puppy Love: Raise Your Dog the Clicker Way ― Karen Pryor & Carolyn Clark.
   Sunshine Books, 1999.

書籍部門　ベスト10

1. How to Teach a New Dog Old Tricks — Ian Dunbar
   James & Kenneth Publishers, 1991.（APDT：1位　CAPPDT：4位）

2. Doctor Dunbar's Good Little Dog Book — Ian Dunbar
   James & Kenneth Publishers, 1992.（APDT：5位　CAPPDT：6位）
   『ダンバー博士のイヌのしつけがうまくいくちょっとした本』として発売中。
   問合せ先：レッドハート（株）　電話：078-391-8788（代）
   URL:http://www.redheart.co.jp

3. The Power of Positive Dog Training — Pat Miller
   Hungry Minds, 2001.

4. The Perfect Puppy — Gwen Bailey
   Hamlyn, 1995.（APDT：8位）

5. Dog Friendly Dog Training — Andrea Arden
   IDG Books Worldwide, 2000.

6. Positive Puppy Training Works — Joel Walton
   David & James Publishers, 2002.

7. Train Your Dog the Lazy Way — Andrea Arden
   Alpha Books, 1999.

8. Behavior Booklets (9 booklets) — Ian Dunbar
   James & Kenneth Publishers, 1985.（APDT：9位）
   『イヌの行動問題としつけ－エソロジーと行動科学の視点から－』として発売中。
   問合せ先：レッドハート（株）　電話：078-391-8788（代）
   URL:http://www.redheart.co.jp

9. 25 Stupid Mistakes Dog Owners Make — Janine Adams
   Lowell House, 2000.

10. The Dog Whisperer — Paul Owens
    Adams Media Corporation, 1999.

8章：買い物リスト／書籍とビデオ

イヌと楽しく遊ぶための書籍とビデオ部門　ベスト10

1. Take a Bow Wow & Bow Wow Take 2 (2 videos)
   Virginia Broitman & Sherri Lippman, Take a Bow Wow, 1995.
   （APDT：5位　CAPPDT：7位）

2. The Trick is in The Training —Stephanie Taunton & Cheryl Smith.
   Barron's, 1998.

3. Fun and Games with Your Dog — Gerd Ludwig
   Barron's, 1996.

4. Dog Tricks: Step by Step — Mary Zeigenfuse & Jan Walker
   Howell Book House, 1997.

5. Fun & Games with Dogs — Roy Hunter
   Howlin Moon Press, 1993.

6. Canine Adventures — Cynthia Miller
   Animalia Publishing Company, 1999.

7. Getting Started: Clicker Training for Dogs — Karen Pryor.
   Sunshine Books, 2002.

8. Clicker Fun(3 videos) — Deborah Jones
   Canine Training Systems, 1996.

9. Agility Tricks — Donna Duford
   Clean Run Productions, 1999.

10. My Dog Can Do That !
    ID Tag Company. 1991. The board game you play with your dog

イヌをもっと知るための書籍とビデオ部門　ベスト10

1. The Culture Clash - Jean Donaldson
   James & Kenneth Publishers, 1996.（CAPPDT：1位　APDT：2位）
   『ザ・カルチャークラッシュ　ーヒト文化とイヌ文化の衝突ー』として発売中。
   問合せ先：レッドハート（株）　電話：078-391-8788（代）
   URL:http://www.redheart.co.jp

2. Don't Shoot the Dog — Karen Pryor
   Bantam Books, 1985.（CAPPDT：2位　APDT：7位）

3. Bones Would Rain From The Sky — Suzanne Clothier
   Warner Books, 2002.

4. The Other End of The Leash — Patricia McConnell
   Ballantine Books, 2002.

5. Dog Behavior — Ian Dunbar
   TFH Publications, 1979.（CAPPDT：6位）

6. Behavior Problems in Dogs — William Campbell
   Behavior Rx Systems, 1999.（CAPPDT：6位）

7. Biting & Fighting(2 videos) — Ian Dunbar
   James & Kenneth Publishers, 1994.

8. Dog Language — Roger Abrantes
   Wakan Tanka Publishers, 1997.

9. Excel-erated Learning : Explaining How Dogs Learn and How Best to Teach Them — Pamela Reid, James & Kenneth Publishers, 1996.

10. How Dogs Learn — Mary Burch & Jon Bailey
    Howell Book House, 1999.

プロフィール

イアン・ダンバー博士

　獣医師、動物行動学者、ドッグトレーナーであり、家庭犬のしつけについて、多くの書籍・DVDを上梓しています。ダンバー博士は、世界ではじめて、オフリードでパピートレーニングを教える「シリウス®パピートレーニング」を開校し、1993年APDT（ペットドッグトレーナーズ協会）を創設しました。英国で収録された人気TV番組『Dogs with Dunbar』は世界各国で放映されており、過去40年間で1000回を超えるセミナーが世界各地で開催されています。日本はダンバー博士が一番好きな国です。

　現在、カリフォルニア州バークレーにて、応用動物行動センターのディレクターを務め、犬（ボースロン）の"ズゥズゥ"と猫の"アグリー""メイヘム"と暮らしています。

【訳者】
柿沼美紀
1979年　米国Northwestern University卒業
1984年　筑波大学修士課程教育研究科修了
1996年　白百合女子大学博士課程　満期退学
2000年　日本獣医生命科学大学比較発達心理学教室　教授・文学博士

橋根理恵
関西学院大学法学部卒
レッドハート株式会社　取締役　情報企画室室長

奉　献

Kingswell
The Caledon Hills

写真著作権

Jennifer Bassing: 　68, 75, 127, 157ページ
Jamie Dunbar　206, 209, 220ページ
Fisher Houtz　38ページ
Mimi WheiPing Lou　188ページ
Jennifer Messer　241, 242ページ
Carmen Norandunghian　183ページ
Sue Pearson　40ページ
Joel Walton　263ページ
これ以外の写真は全て著者が撮影しています。

(原書)
表紙イラスト：Tracy Dockray
表紙デザイン：Quark & Bark Late Night Graphics Co.
背表紙デザイン：Montessaurus Media

AFTER You Get Your Puppy
© 2001 Ian Dunbar

子イヌを飼ったあとに

発行日　2003年12月18日
　8刷　2016年 5 月 1 日

(著　者) イアン・ダンバー
(訳　者) 柿沼　美紀・橋根　理恵
(発行者) 前田　浩志
(発行所) レッドハート株式会社
　　　　〒650-0012　兵庫県神戸市中央区北長狭通
　　　　　　　　　　4丁目4番18号　富士信ビル4F
(編集・制作)　株式会社キャデック
(印刷所)　株式会社平河工業社

© 2001 Ian Dunbar
本書の無断転載を禁じます。
レビューに使用されている短い引用文を除き、書面による出版社の許可なく本書を複製することを禁じます。

© 2003 printed in Japan
ISBN978-4-902017-04-5 C0045

BOOKS

イアン・ダンバー著『ダンバー博士の子イヌを飼うまえに』

子イヌの選び方や、子イヌが家に来た日から始めるべきトレーニングなど、子イヌを家に迎え入れる前に、ぜひ知っていただきたいこと、準備しておいて欲しいことを分かりやすく解説しています。イヌの成長は非常に早く、大切な時期はあっという間に過ぎてしまいます。イヌと幸せに暮らすためには、子イヌが家に来る前に、飼い主さん自身がイヌについての勉強を終わらせていることが大切なのです。

A5判並製　170頁　定価：本体1,500円＋税

イアン・ダンバー著『ドッグトレーニングバイブル』

"効果がなければトレーニングとはいえない"なぜ、うまくいかないのか？イヌの学習の仕方に合わせた、イヌがもっとも学習しやすい、人がもっとも失敗しにくい『ルアー・ごほうびトレーニング法』を使って、怖がり、攻撃的、噛む、排泄、吠える、リードを引っ張るといった問題を、ロジカルで豪快な切り口で解決していきます。今まで気づかなかった失敗の原因、ちょっとしたコツ、トレーニングを無理なく生活の中に組み入れる方法、グルーミング、食事、ノミ対策まで、「犬と暮らす」ためのすべてがコンパクトにまとまっています。ドッグトレーニング専門学校のテキストに採用されています。

A5判上製　248頁　定価：本体3,400円＋税

ジーン・ドナルドソン著『ザ・カルチャークラッシュ』

『ザ・カルチャークラッシュ』は、ハリウッド映画が作りだした名犬のイメージを一掃し、イヌをイヌとしてありのままに描いています。「これ食べてもいい？　これ噛んでもいい？　ここでおしっこしてもいい？」というイヌ流の考え方を明らかにしています。この本に一貫して流れているのは、ジーンの犬への尽きぬ愛とイヌの気持ちに対する深い洞察です。イヌの視点からトレーニングを問うことに関しては、ジーンの横に並ぶ者はいません。常にドッグトレーニングのあり方を問い、イヌの幸せを論じています。

A5判上製　344頁　定価：本体3,700円＋税

DVD

イアン・ダンバー 『ダンバー博士のトレーニングは今日から』

犬という動物をありのままで受け止め、そして、私たち人間の世界でうまく暮らせるように、犬も人にもフェアで楽しいトレーニング方法を世界中で推奨してきた、ダンバー博士による犬学レクチャー。「犬」との絆が生まれたとき、人間関係で一番大切なこと、相手を理解しようというやさしい気持ちが生まれていることに気づくでしょう。

30分　定価：本体1,980円＋税

1．ダンバー博士の世界へようこそ
2．自分にピッタリの犬を選ぶ
3．人間社会に慣らす
4．怒るとなぜうまくいかないのか？
5．誰も知らないお散歩のコツ
6．トレーニングは簡単
7．犬から見た世界

イアン・ダンバー 『ダンバー博士のはじめての子犬教習』

毎日ふつうに行っていることを、無理なく楽しいトレーニングに変えてしまうコツを教えてくれます。食事、散歩、ボール投げ、子犬とのすべての時間は、トレーニングゲームです。トイレのしつけは、シチュエーションに合わせて必要なトイレセットの作り方から、子犬に失敗させない教え方を、分かりやすい映像で解説しています。※このDVDは本書「子イヌを飼ったあとに」（イアン・ダンバー著）に対応しています。

30分　定価：本体1,980円＋税

1．子犬の社会化
2．トイレのしつけ＆留守番の練習
3．咬む力の加減を教える
4．散歩中のトレーニング
5．物に執着させない
6．犬との信頼関係が生まれる
7．ミュージカルチェア
8．エンディング

シリウス®ドッグトレーニングスクール

日本で唯一、ダンバー博士のSIRIUS®Puppy Trainingの実施を認められたドッグトレーナー辻村愛が主宰する、子犬のためのしつけ教室(兵庫県尼崎市) www.siriusdog.jp

パピークラスⅠ・Ⅱ	パピークラスⅠ&Ⅱでは、咬みつきの抑制、人や犬になれる、基本コマンド・お散歩練習・拾い食い防止のマスターなど、子犬~若年期に必要なトレーニングを完全サポートします。
シリウス@home・パピーサポート	「シリウス@home・パピーサポート」では、子犬を迎えたばかりの頃に特に心配な、トイレトレーニングや留守番方法などを、それぞれの子犬の性格やご家族のライフスタイル、家の間取りに応じて、個別にトレーニングプランを作成します。
トイレ&甘咬み解決セミナー	シリウス・ドッグトレーニングスクールでは、犬との生活の一番基本である『トイレ』と『甘咬み対処』のトレーニングを失敗なく、効果的に進める方法をお教えします。

主任ドッグトレーナー / 辻村愛
麻布大学獣医学研究科博士課程修了(学術博士) CPDT-KA
The San Francisco SPCAにてジーン・ドナルドソン主宰Academy for Dog Trainers CTC program 修了後、カリフォルニア州バークレー、ダンバー博士のもとで、SIRIUS® Puppy Trainingを学ぶ。
TV「ザ!鉄腕!!DASH!!」ダメ犬教習に2010年より4年連続出演。